食卓の危機

遺伝子組み換え食品と農薬汚染

食政策センター・ビジョン21代表
安田節子

三和書籍

はじめに

グローバリゼーションによる自由貿易体制は巨大アグリビジネスが作り上げた食糧システムです。新型コロナウイルスのパンデミックによる国境封鎖で、この食糧システムのサプライチェーンが崩壊しました。輸入に依存するリスクが浮き彫りになったと言えます。

日本は貿易自由化を推進し、農産物輸出大国からの工業的大規模農業による安い輸入農産物への依存を高めてきました。その結果、国内農業は衰退し、一九六五年に七三パーセントあった食料自給率が二〇一七年は三七パーセントに落ちています。

米国政府の背後にいるアグリビジネスが送り込んでくる農産物は、遺伝子組み換えやポストハーベストの農薬残留など安全リスクのあるものです。日本は、米国より厳しい基準は貿易障壁になるとして積極的に規制緩和をしてこれらを受け入れ続けています。アグリビジネスの利益のために国民の健康を差し出していると言えるのです。

また輸入食品の高濃度の農薬残留を許すだけでなく国内においても単位面積あたりの農薬使用量が世界トップクラスにあります。

日本の医療費は増大し続け、二〇一七年度は過去最高の四二兆円を超え五〇年前と比べて一〇〇倍です。医療が進歩しているのに病人が増え続け国民の健康が悪化しているのです。

私たちは、今、まさに転換点に立っています。世界は多用されてきたグリホサートやネオニコチノイド系農薬を禁止する流れになっています。専門家たちからは、化学合成農薬そのものの使用を止めなければ間に合わないとの指摘が出ています。本書ではこうした流れを具体的に示しました。

国連を中心に「持続可能な農業」が呼びかけられています。欧州委員会は、二〇三〇年までの一〇年間で、公正で健康的で環境に優しい食料システムを目指す「農場から食卓戦略」を採択しました。目標には化学農薬の五〇パーセント削減、有機農業を二五パーセントに拡大することが掲げられています。

日本も有機農業による自給国家を目指そうではありませんか。

安田節子

目次

第2章　この食品が危ない 35

第3章 ミツバチが消えた 65

第5章 種は誰のもの?

UPOV条約とモンサント法

第1章　世界は声を上げ始めた

1．ドキュメンタリー「遺伝子組み換え戦争」

二〇一四年、フランスでTRANSGENIC WARSと題するドキュメンタリーが製作されました。遺伝子組み換えと大豆（ＧＭ大豆）がもたらした被害と多国籍アグロバイオ企業の暗躍を伝えたもので、日本ではＢＳ11世界のドキュメンタリーが、「遺伝子組み換え戦争　〝戦略作物〟を巡る闘い　欧州vs.米国」と題して、二〇一五年一一月二五日に放映しました。

https://www.youtube.com/watch?v=kyWoYacAHfQ

番組では、ＧＭ大豆と除草剤ラウンドアップについて、デンマークとアルゼンチンで引き起こされている被害の実態を次のように伝えていました。

番組、冒頭、デンマークの養豚業者はアルゼンチンから輸入しているＧＭ大豆を飼料として豚に与えていたところ、下痢や原因不明の病気で死ぬ豚が続出したと語ります。ＧＭ大豆を中止したら下痢を起こさなくなったことから、養豚家はこれはＧＭ大豆が原因だと結論するに至りました。次に記者はアルゼンチンに飛びます。

アルゼンチンは、ＧＭ大豆面積がいまや二二〇〇万ヘクタールを占めるに至っています。そんなＧＭ大豆畑の周辺で奇妙なことが起きています。ＧＭ大豆畑に隣接する村で、変性疾患の子どもたちが増えていて、医者は農薬が症状を悪化させていると述べます。ＧＭ大豆畑には除草剤「ラウンドアップ（主成分グリホサート）」が大量に散布され、散布のトラクターが止まっていた井戸のそばに空の容器がいくつも転がっていました。ＧＭ大豆生産農家は「自分の家畜には与えていない。ＧＭ大豆をニワトリにやると卵が臭くて食べられなくなるから」と話しています。

アルゼンチンにＧＭ大豆が持ち込まれて一五年経ちますが、政府は障碍者施設への補助金を増額をせざるを得なくなっているといいます。障碍者施設に入所しているのは歩行器や車いすの歩くことができない子どもたち。皆、農村地帯で生まれた患者たちで、これら先天性異常の子どもたちの映像を見たデンマークの養豚家は、自分たちが経験している、成長が不十分で、後ろ脚に異常が出て歩けない子豚たちに似ていると驚いています。

アルゼンチンのＧＭ大豆畑では、監視の目のないところで農家が他の薬剤を混ぜている事例が多数、目撃されています。トラクターの荷台には、ＥＵが禁止し、米国でオスのカエルを雌にかえたというアトラジン、ベトナム戦争で先天性異常を多発させた枯葉剤の2・4Dの容器が映し出されていました。

なぜ〝混ぜて〟散布するのか？

三〇〇〇万ヘクタール近くの広大な農地に、グリホサートを年三回撒きますが、耐性雑草が発生し、グリホサートだけでは雑草を駆除できなくなったからです。そのためいくつもの除草剤を混ぜて使わざるを得なくなっているというのです。グリホサートを撒くだけでよいと企業に言われていたのに。農薬を減らすどころか複数の除草剤を大量使用せざるを得なくなっているという……。

混合使用は毒性を高める懸念があるため、除草剤の混合使用における毒性はきちんと調べられていなければなりませんが、保健省は何もしません。政府の農業研究者はそれぞれ単独で発がん性がなければ混ぜても問題はないはずと述べるばかりです。政府の研究者はモンサント社やダウ・ケミカルを信じており、アルゼンチンのテレビではモンサント社のラウンドアップの効果を頻繁にＣＭで流しています。

ロサリオ国立大学が独自の健康調査を行い、学生が毎年村を回って村人の健康状態の聞き取り調査を行ったところ、村によっては一年で、四〇パーセントから二五〇パーセントもガンの発症率が急増していたところもありました。ガン発症率増加の村の共通点は、周りをＧＭ大豆の畑に囲まれていること、村の近くで農薬散布されていることでした。

フェルナンデス大統領はＧＭ大豆を熱烈支持しています。ＧＭ大豆の輸出で一九九六年から二〇〇一年までで六五〇億ドルの利益をもたらし、経済危機から脱出することができたといいます。その一方、反モンサントのデモも行われるようになりました。参加者は背後に〝米国の陰謀〟を感じています。

２．ラウンドアップと遺伝子組み換え作物

米国のモンサント社（二〇一八年六月、ドイツのバイエル社に買収され現在はバイエル）は遺伝子組み換え（ＧＭ）種子では九〇パーセント以上を占める圧倒的なシェアを有し、また農薬化学企業でもあり、除草剤の世界的ベストセラー「ラウンドアップ（主成分グリホサード）」を有する多国籍企業です。

モンサントは、主力製品である自社の「ラウンドアップ」に耐性を持つGM作物を開発しました。ラウンドアップ製造工場の廃液のなかの微生物にラウンドアップに耐性を有していたものがあったことから、その遺伝子を大豆などの作物に遺伝子操作技術で導入、耐性獲得させた遺伝子組み換え作物を作りだしたのです。

ラウンドアップは植物ならすべて枯らすことができる強力な除草剤なので、作物がある畑には撒くことができません。しかし、ラウンドアップ耐性のGM作物なら、ラウンドアップを浴びても枯れず、雑草だけが枯れます。モンサントはラウンドアップ耐性のGM種子とラウンドアップをセット売りする戦略を展開しました。こうしてラウンドアップ耐性のGM大豆畑に、大量のラウンドアップが使用されるようになり、モンサントは特許をかけた価格の高いGM種子とラウンドアップの両方の売り上げで高い利益を上げたのです。

モンサントはアルゼンチンの経済破綻につけ込んで種子企業を買収しまくり、種子事業を独占し、GM大豆種子をアルゼンチンに持ち込みました。政治家を取り込み、また大土地所有者との連携の下、農地はGM大豆に席捲されていきました。そして昔からあった小規模農業が破壊されてしまいました。それればかりではなく、ラウンドアップの散布が畑周辺の村人、特に子どもたちの健康を脅かしている状態を引き起こしているのです。

３．グリホサートの健康障害を示す論文

先のドキュメンタリー番組だけではありません。ＧＭ大豆とグリホサードの危険性を示す報告や論文は枚挙にいとまがありません。

二〇〇九年、アルゼンチンのアンドレス・カラスコ氏はＧＭ大豆畑周辺での出生異常を報告していますし、二〇一五年、世界保健機関（ＷＨＯ）国際がん研究所ＩＡＲＣは、グリホサートの発がん性分類を、五段階分類で上から二番目のリスクのあるグループ２Ａ（ヒトに対して恐らく発がん性が有る）にランク付けしました。アメリカ、カナダ、スウェーデンの職業被曝による症例対照研究で、非ホジキンリンパ腫の増加があり、マウスで尿細管がんや血管肉腫が、ラットですい臓の膵島細胞腫などがみつかり、農業労働者の血液や尿中にグリホサートが検出されています。こうした研究からヒトや哺乳類のＤＮＡや染色体損傷を惹き起こし、発がん性が強く疑われ２Ａランクに引き上げられたのです。

その他、数多くの研究論文がありますが、ここでは、天笠啓祐氏が二〇一九年一二月二日、ゼ

ン・ハニーカットさん東京集会の資料用に、「グリホサートと健康障害を示す論文紹介」としてまとめてくださったものを、転記します。

「二〇一七年英国ロンドン大学研究チーム　低濃度、長期摂取で脂肪肝になると発表。ロンドン大学キングスカレッジのマイケル・アントニオらが行った二年間の長期動物実験で、人が飲む飲料水の濃度に匹敵する、四μg/kg/日というごく微量のグリホサートを摂取し続けただけで、肝臓がんに至る可能性が高い非アルコール性脂肪肝疾患が起きていた。(『サイエンティック・リポート』二〇一七年一月九日)」

「フランス、ノルウェー、米国の三か国で、農薬に曝露する状況にある三五七万四八一五人の農民及び農業従事者の調査が行われ、グリホサートをよく使う人が非ホジキンリンパ腫にかかる確率が高いことが示された。この研究は国際がん研究機関(ARC)のマリア・E・レオンらが行ったもので、「国際疫学ジャーナル」誌(二〇一九年三月一八日号)に掲載された」

「グリホサートへの曝露が、皮膚がんの一つである黒色腫を増やすという研究結果が、C・フォルテスなどイタリアとブラジルの研究者によって「職業環境医学ジャーナル」誌(二〇一六年四月号）に発表された。被曝者は、グリホサートに加えて日光にさらされると、さらに発がんのリスクは高まる」

「インディアナ州インディアナポリスのライイリー子ども病院の臨床小児科医ポール・ウィンチェスターらの研究チームが行った研究で、尿中のグリホサート濃度の高い妊婦の場合、妊娠期間が短くなり、赤ちゃんの体重が少ない傾向があった。その赤ちゃんは将来的に、糖尿病、高血圧、心臓病、認知能力の低下、メタボリック・シンドロームになるリスクが高まる可能性がある、と同医師が指摘。（『環境健康』誌二〇一七年三月九日）」

「アルゼンチンのC・J・バイエルらが行った動物実験で、マウスに微量のグリホサートを鼻腔内に投与したところ、歩行活動が減少、眼球の動きに顕著な変化が起き、認知能力も優位に損なわれていた。（『神経毒性と奇形学』誌二〇一七年一一・一二号）」

「カリフォルニア大学のオンディーヌ・S・フォン・エーレンシュタインらの研究チームが調査したところ、出生前及び出生後一年目までにグリホサート系農薬に暴露した子どもが、暴露していない子どもに比べて、自閉症スペクトラム障害（ASD）になるリスクが高いことが示された。（『ブリティッシュ・メディカル・ジャーナル』二〇一九年三月二〇日）」

「オランダのバーゲニン大学の研究者らが行った実験で、ラウンドアップを加えたGMトウモロコシ与えたラットの雄は、二四か月後の早期死亡率が増大することが分かった。（『毒性学アーカイブ』二〇一九年二月一二日）」

「ニュージーランド・カンタベリー大学教授ジャック・ハイネマンらの研究チームが行った実験で、グリホサートやジカンバが抗生物質耐性菌を増やすことが示された。（『マイクロバイオロジー』一六三号）」

「フランス・カーン大学のセラリーニらによる動物実験で、グリホサートが免疫システムにかかわる腸内フローラに変化をもたらすことが分かった。また別の論文でグリホサートを主成分とする除草剤などから重金属が検出したことが発表された。研究の発端は、スリランカでグリホサートと慢性腎臓病の関係が疑われたことにある。（『毒物学リポート』二〇一八年一月、vol五）」

以上、世界の報告例では、妊娠期間の短縮化、出生異常、自閉症の増加、認知機能の低下、腸内細菌への影響、腎臓病、癌化、脂肪肝の増加といった症例が報告されています。グリホサートが有機リン系農薬で、神経毒性を持ち、また環境ホルモン作用があることから生殖にも多大な影響を与えると考えられています。しかしグリホサートは今や世界中で大量使用されており、空気、水、食べものを通して人体を汚染しています。尿や母乳からも検出されているのです。以下、その事例と各国の対応です。

・尿から検出

フランスでは都市部／田園地域に住む八歳から六〇歳の男女三〇名の尿検査で全員から平均一・二五 ng/ml のグリホサートを検出。二九人がEUの水質基準〇・一 ng/ml を超えていたと発表され、フランス・マクロン大統領は二〇二二年までにグリホサート禁止を指示。

・母乳から検出

GM大豆の大生産地ブラジルでは調査した母乳の八〇パーセント以上にグリホサートかその代謝物、またはその両方を検出。連邦裁判所は二〇一八年、グリホサートを含む製品について、政府がその毒性再評価を完了するまで使用禁止を決定。

・穀物や幼児用シリアルから高い割合で検出

カナダ食品検査庁は二〇一五、二〇一六年にグリホサートについて合計三一八八の食品を検査した結果、グリホサートは二九・七パーセントの食品から検出したと発表。主に穀物と幼児用シリアル、幼児食に三〇パーセントと高い割合で検出した。

4. 世界は声を上げ始めた

世界はグリホサートの規制に向っています。

・コロンビア　グリホサートを主成分とする製品の散布を禁止
・スリランカ　重金属と結びつき深刻な腎障害を引き起こすとして輸入と販売、使用を禁止
・オランダ、フランス、スイス、ドイツがホームセンターでの販売禁止
・EU、ベルギー、バミューダ諸島、バンクーバー、スウェーデンなど家庭での使用・販売禁止
・EU　欧州議会は二〇二二年までに農業用の使用禁止を求める決議を採択
・フランス　二〇一七年一一月マクロン大統領は三年以内のグリホサート禁止検討を指示（二〇一九年一月、二〇二一年までのグリホサート禁止は不可能と発表）
・米カリフォルニア州　発がん物質リストに掲載、警告表示を義務付け（二〇一七年）
・ドイツ　GM作物の栽培禁止と、二三年末までにグリホサート禁止を決定

・イタリア　二〇一六年　収穫前処理使用の禁止
・インド　パンジャブ州、ケララ州が禁止（二〇一九年二月）
・ベトナム　新規輸入の禁止（二〇一九年三月）
・オーストラリア　一九年一〇月、ラウンドアップを四〇年使ってきて非ホジキンリンパ腫を発症した農民が損害賠償を求め提訴。農民としては初
・カナダ　一九年一〇月、造園に使用したラウンドアップ除草剤によりがんを発症したと主張して、バイエルとともに販売したホームセンターに損害賠償を求めて提訴
・タイ　グリホサートとパラコートとクロルピリホスの三農薬について一九年一二月一日からの禁止を正式に決定
・オーストリア議会　二〇一九年七月、グリホサート全面禁止の法案を可決
・ルクセンブルク　二〇二〇年二月一日にグリホサートを含む製品の販売を禁止

二〇一九年七月三一日、国際産婦人科連合は、グリホサートの世界的廃止を呼びかけました。「化学物質は胎盤を通過する可能性があり、メチル水銀の場合と同様に、胎児に蓄積する可能性があり、長期的な後遺症を引き起こす可能性がある」として、予防原則に立ってグリホサート禁止を求める勧告を出しました。

タイ政府も毅然とした対応をしています。バンコクポスト二〇一九年一〇月二五日によれば、タイ政府は、グリホサートおよび他の農薬禁止に対する米国の反対を拒否。タイの副首相および保健大臣のアヌチン（Anutin）氏は、「米国は貿易のみを懸念し、タイ政府はタイの消費者の健康を懸念した」と述べ、「ワシントンとタイの米国大使館は、禁止について、貿易と商業的側面を心配する権利がありますが、タイ政府は消費者製品の安全性を確保する責任があります」「米国は彼らの製品を売ることができなくなると恐れて、今私たちに禁止を解除するよう求めています。これに屈するべきでしょうか？」と述べたと報道しています。

世界は、グリホサートに対し、ＮＯを突きつける姿勢をみせていますが、残念ながらこの中に日本は入っていません。日本はグリホサート禁止どころか、さらにこれを拡げようとしています。これについては後述します。

5. ラウンドアップは、グリホサートのみならず補助剤も強い毒性を持つ

製剤としてのラウンドアップは、主成分はグリホサートですが、いくつもの補助剤を含んでいます。補助剤の中でも強い毒性が指摘されているのが非イオン系界面活性剤ＰＯＥＡ（ポリオキ

シエチレン獣脂アミン）です。この界面活性剤は、有効成分を植物の細胞膜を通過させるために配合されています。植物や害虫の体表上には水を弾くワックスなどの物質があります。そのため、農薬を散布しても植物の葉や害虫に散布液が付着せず、多くが流れ落ちてしまうのです。それで界面活性剤を混ぜて、農薬液の付着性や浸透性を高めるようにしているのです。

フランスのカーン大学セラリーニ氏らは、論文でグリホサートがラットの腸の微生物叢に大きな変化を引き起こすだけでなく、グリホサートの補助剤の毒性が主剤の一千倍以上もあることを指摘しました。セラリーニ氏は、これら補助剤は、ヒトの胎芽、胎盤及び臍帯の細胞に対してグリホサートよりもはるかに毒性を持つと述べています。ＥＵは補助剤として界面活性剤ＰＯＥＡの使用を禁止にしました。

モンサントは、ラウンドアップを、安全な農薬だと宣伝してきました。しかし安全性評価のデータに、補助剤の毒性データは含まれていません。日本の安全性審査も、主剤（有効成分）のみの評価で残留基準を決めています。これでは科学的に正しい評価とは言えず、なにより農薬の安全性を偽っていることになります。しかも、農薬調合の内容は保護すべき企業秘密なのです。〝企業秘密〟を理由に、残留基準値を決める食品安全委員会農薬専門調査会農薬審議会は非公開で、傍聴できません。第三者の検証を許さず、企業が提出したデータを追試することもなく書類を見て評価をするだけなのです。こうした企業寄りの農薬行政は、企業の利益優先で人々の健康は二の次なのだと非難されても仕方がありません。

なお二〇一九年一〇月、欧州司法裁判所はモンサントはすべての成分を開示すべきであるという判決を下しました。

6. ラウンドアップ耐性雑草出現と複数の除草剤使用

米国科学アカデミーの全米研究評議会によると、ラウンドアップの過剰な散布により世界中で少なくとも三八三種類のラウンドアップに耐性を持つ雑草が確認されています。

耐性雑草の広がりによってラウンドアップより強い毒性を持つ除草剤が必要になってしまっているのです。

冒頭のドキュメンタリーでは、アルゼンチンではラウンドアップに加えて毒性の強いアトラジンや2・4Dが使用されていましたが、アメリカではラウンドアップ耐性のみならず多剤耐性雑草の出現と蔓延が農家を苦しめています。モンサントらアグロバイオ企業は、耐性雑草の出現を受けて、今度は、複数の除草剤に耐性を持つ遺伝子をいくつも導入したGM作物を開発するようになりました。ラウンドアップに加えて2・4Dやジカンバなど複数の除草剤に耐性を持つGM作物に、これらの除草剤が同時使用されるようになったのですが、それらに対しても耐性雑草が生まれているのです。

殺虫剤や除草剤などの農薬や抗菌剤、抗生物質などの使用は、必ず自然界から〝耐性の出現〟という逆襲があります。農薬散布で一〇〇パーセント淘汰することはできず、一部耐性のあるものが生き残ります。それらが耐性遺伝子を持つ子孫を増やすのです。農薬と耐性雑草の〝いたちごっこ〟が起こっているのです。

GM作物には「殺虫毒素生成」のものもあります。土壌微生物のバチルス・チューリンゲンシスという枯草菌から殺虫毒素（BT毒素）を作る遺伝子を取り出し、作物に遺伝子操作で導入したものです。殺虫毒素生成トウモロコシは茎、葉、実、すべての細胞に殺虫毒素ができています。米国ではこの殺虫トウモロコシを農薬として登録しています。

アトラジン（除草剤）

アトラジンは地下水を汚染するとして、欧州連合は2004年に禁止。日本ではシンジェンタから「ゲザプリム®」の名で市販されている。

2010年3月米科学アカデミー紀要にカエルの化学的去勢を起こし、これが世界的な両生類の個体数減少の原因となっている可能性を指摘する論文が掲載 https://www.afpbb.com/articles/-/2704165　これを報じたAFPによると、米国だけで、年間約3600万キログラムのアトラジンが農業で使用されており、約23万キログラムのアトラジンが雨粒に含有されて地上に降りそそいでいるという。

論文は、「アトラジンは、それが使用された場所から1000キロ以上離れた場所へも雨のかたちで運搬され、その結果、原始の生態系が残る手つかずの場所にも汚染が広がっていく可能性がある」と指摘している。

2・4D（除草剤）

第二次大戦中、英国の生化学者ジューダ・ハーシュ＝カステルらによって開発された除草剤。双子葉植物の茎頂に、異常な細胞分裂を起こさせ、枯らす作用を持つ。ベトナム戦争では、枯葉剤として用いられた。製造過程でダイオキシンを発生させる。日本では、芝や水田の除草として広範囲で使用されている。肝毒性・生殖毒性が指摘されている。

このトウモロコシを食べた虫は死にます。しかし、毒素に耐性を持つ害虫が中にはいて、これがはびこるようになりました。そうなると殺虫剤がいらないとの触れ込みにもかかわらず、殺虫剤との併用をせざるを得なくなり、農薬の使用がかえって増えてしまっているのです。これはＧＭ作物のパラドックスと言えます。

7．ラウンドアップ耐性雑草とジカンバ耐性ＧＭ大豆

二〇一八年六月、バイエル社が、モンサント社を買収しました。バイエルはモンサントの除草剤ジカンバ（商品名 XtendiMax）も継承しました。ラウンドアップに一部の雑草は耐性を持つようになり、効かなくなってきたため、別の除草剤「ジカンバ」と共に使用することができるＧＭ種子の開発がされています。

しかし、ジカンバは、散布後に気化し、上昇して遠くまで漂流するため、ジカンバ耐性のＧＭではない一般作物の畑に到達して、その作物を枯らしてしまいます。それを防衛するためにと農家にジカンバ耐性のＧＭ種（大豆や綿花）の購入をせざるを得なくさせているのです。

ジカンバの被害を受けた農家とジカンバを散布するＧＭ作物栽培農家との争いがあちらこちらで起こっています。アーカンソー州の農夫が隣人に撃たれ殺害された事件まで起こりました。現

在のところ、少なくとも八州（アーカンソー州、イリノイ州、カンザス州、ミシシッピ州、ミズーリ州、ネブラスカ州、サウスダコタ州、テネシー州）の一八一人の農家がモンサントをRoundup Ready Xtend Crop Systemとして知られているジカンバ製品について訴えています。農家は、ジカンバ散布によって腐敗し枯れてしまった大豆、綿花、果樹、野菜作物に対する補償を求めています。

食品安全センターを含むグループは、環境保護庁（ＥＰＡ）が、様々な州の関係者から、ジカンバがこれを使用していない作物に容易に流出して枯らしてしまうという証拠を無視し、二〇一六年に使用を許可したことを批判しています。

二〇一七年、ミズーリ大学の植物科学教授Kevin Bradleyによると、大豆農場だけで三六〇万エーカーの大豆が破壊されたといいます。約二七〇〇件もの苦情の後、ＥＰＡは、より詳細な製品表示や、散布基準を順守するためのトレーニングを必須とし、さらに厳しい記録管理を要求しました。しかし、Save Our Crops Coalitionのスミス氏は「大規模な被害があるのに報告されていない」「私が田舎を回ってみると、畑のまわりの木々がひどい被害を受けており、それはどの数字にも現れていない」「誰もが訓練を受けており教育の問題ではない、問題は製品にある」と述べました。

XtendiMaxがワイン用ブドウや桃、野菜や大豆など何百万エーカーもの作物を破壊したことから、現在、シアトル連邦控訴裁判所は環境保護庁に承認を取り消すよう求めています。

8．GM大豆の終わりの始まり？

バイエルの投資家たちは、二〇一八年六月に六六〇億ドルを費やして巨大な米国の種子および除草剤メーカーであるモンサント社を買収した際に、どれだけの訴訟リスクが発生しているのか、わかっていなかったようです。

二〇一八年八月にサンフランシスコ地裁の陪審員は、ラウンドアップを使用して非ホジキンリンパ腫（悪性がん）になった校庭管理人に二億八九〇〇万ドルを支払う裁定を出しました（後述）。この判決は画期的なものでした。

これに加えてさらに、モンサントの別の除草剤、ジカンバでも新たな訴訟が起こっています。投資家たちはバイエルが受ける法的な最終的コストを探っています。Sanford C. Bernstein & Co. のアナリスト、ジョナス・オクスガード氏は、モンサント買収の結果、バイエルは五〇億ドルの法的費用と原告への支払いを命じられる可能性があると見積もりました。

買収の前に、モンサント社はジカンバを使用した作物にこの除草剤が気化しないよう保って、未処理作物への漂流を防ぐ新しい処方の〝VaporGrip〟を開発したと発表しました。バイエルは、二〇一九年の生産の前にＥＰＡにジカンバ製品〝XtendiMax〟を〝VaporGrip〟で更新申請する予定です。

二〇一八年、米国の農家は、約五〇〇〇万エーカーの大豆と綿花にジカンバを散布しています。これにより約一〇〇万エーカーの非ＧＭ大豆がジカンバによって損傷を受けました。訴訟またはＥＰＡがジカンバおよび関連製品を制限する場合、バイエルは、モンサント社から取得した農薬事業の拡大に重要な事業から年間売上高一〇億ドルを失う可能性があると指摘されています。

モンサントはＥＰＡに文書を提出し、農民はラウンドアップに耐性のある雑草と戦うための新しいツールが必要であると主張。バイエルCEOのヴェルナー・バウマンは、グリホサートとジカンバの組み合わせを「次世代の雑草制御システム」と述べています。

ジカンバ耐性大豆は、二〇一八年に四二〇〇万エーカー植えられ、前年度の二倍、米国の大豆生産八九六〇万エーカーの約半数に上りました。綿花の場合、今シーズン植えられた綿花一三五〇万エーカーのうち、八〇〇万エーカーでした。（ブルームバーグ 2018.8.30）

ＧＭ作物は、耐性雑草という自然の逆襲を受け、新たにジカンバ耐性を投入したけれど、それが米国農業や環境に広範なダメージを引き起こし、また農家同士の争い、混乱をもたらしているのが現状です。ＧＭ技術の終わりの始まりを感じさせられます。

さて、二〇二〇年六月九日有機農業ニュースクリップによると、米連邦控訴裁判所が除草剤ジカンバの農薬登録を取消したと伝えています。以下転載します。

米連邦控訴裁判所は六月三日、米国環境保護庁（EPA）による、除草剤ジカンバ耐性遺伝子組み換え作物を対象とした農薬登録について、広範囲にわたる漂流により大きな被害を出していて、リスクを実質的に過小評価していたとして登録無効の判決を下した。この登録無効裁判は、全米国家族農業連合（NFFC）と食品安全センター（CFS）、生物多様性センター、国際農薬行動ネットワーク・北米（PAN NA）の四団体が米国環境保護庁を相手取って起こしていたもので、農民と市民が勝利判決を勝ち取った。裁判には、被告の米国環境保護庁の補助参加人としてモンサントが名を連ねている。

米国環境保護庁は二〇一六年、バイエルとＢＡＳＦ、コルテバのジカンバ製剤を二年限定期限で農薬登録した。二〇一八年一〇月、すでに各地で漂流性の高いジカンバによるジャガイモなどの被害が出ていたのも関わらず、この登録を二〇二〇年一二月まで、さらに二年延長した。この延長に対して、全米国家族農業連合（NFFC）など四団体が、登録取り消しを求めて提訴していた。バイエルは今年二月、年次報告書においてジカンバによる損害賠償請求訴訟について、一七〇名の農家が損害を被ったとして、ＢＡＳＦとともにバイエルに対して賠償請求訴訟を起こしていると明らかにしている。今年二月には、桃農園がジカンバにより枯れたとして一五〇〇万ドルの賠償と二億五千万ドルの懲罰的賠償を命ずる判決が下されている。この判決に対してバイエルは、速やかに控訴するとしている。一方、原告は、裁判所に対して集団訴訟として扱うように求めているとしている。

米国国立衛生研究所の研究グループは五月、ジカンバが肝臓がんや肝内胆管がん、急性／慢性リンパ性白血病など多くの種類のがんの発症リスクが高まると発表した。この研究は、ジカンバとがんとの関連性に関するこれまでの疫学的研究の中で最も包括的なものだという。この研究では、アイオワ州とノースカロライナ州の約五万人の農薬散布者を二〇年以上にわたって追跡調査し、農薬の使用とがんの発生分析している。著者らは結論として、「肝臓と肝内胆管癌のこの最初の評価では、ジカンバの使用量の増加との関連性がある」としている。

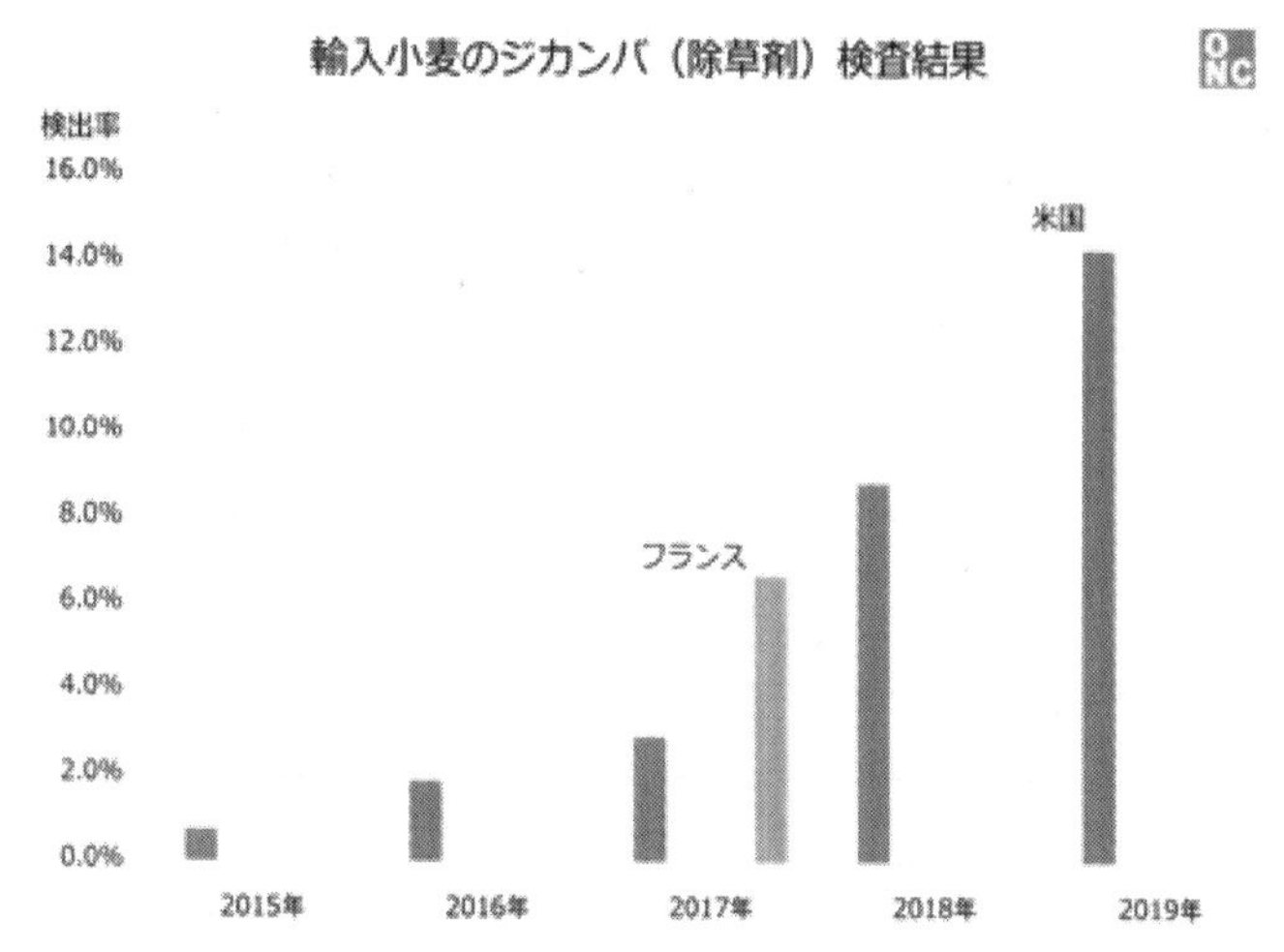

農水省は半期ごとに、輸入米麦の残留農薬検査結果を公表しているが、この五年ほど、輸入小麦から毎年のようにジカンバが検出されている。二〇一七年にフランス産一検体から検出された以外は、すべて米国産から検出されている。小麦の残留基準値が二ppmに対して〇・一ppm以下と量的には少ないが、検出率は年々急激に増加している。二〇一五年に〇・八パーセントだったものが二〇一九年（前期分）では一四・三パーセントと増加している。

厚労省はこれまでに、米国でのジカンバ耐性遺伝子組み換え大豆の商業栽培に先立ち、いくつかのジカンバ耐性品種を食品として承認している。日本にもすでに輸入されているとみて差し支えないだろう。

9．日本はジカンバ耐性大豆に合わせて残留農薬基準を大幅緩和

日本では米国のジカンバ耐性大豆の生産状況に合わせ、ジカンバ耐性GM大豆を二〇一三、二〇一四、二〇一六、二〇一八年と認可し続けています。ジカンバを浴びても枯れない大豆だから、当然大豆に残留しています。この大豆を輸入し続けるために、日本は二〇一三年に大豆のジカンバ残留基準がそれまでの〇・〇五 ppm から一〇・〇 ppm に緩和したのです。なんと二〇〇倍！です。米国基準一〇・〇 ppm に合わせた結果です。

ヒトの安全を損なわないよう科学的に決められたはずの残留基準値が、政治的に大幅緩和される現状をみると、食品安全委員会などしょせん飾りにすぎないということがよくわかります。恣意的数値によって安全を偽装する仕事をしているだけと言わざるを得ません。

ラウンドアップ耐性のみならず2・4D耐性やジカンバ耐性のこれら農薬が残留したGM大豆は、食用油や加工食品原料など食品になります。また飼料になり家畜の体内に取り込まれれば、農薬とその代謝物はミルク、卵、肉にも影響を与えるのではないでしょうか。日本のこの大幅緩

和には強い危機感を覚えます。

10. TPP協定に遺伝子組み換えの輸入促進条項

米国が先導したTPP協定には「遺伝子組み換えの輸入促進条項」があります。トランプ大統領は公約によりTPPを離脱しました。残りの一一か国によるTPP11協定を日本は先導して合意に持ち込み、二〇一八年一二月に六か国の批准をもって発効しました。TPP11は米国離脱により、ごく一部を凍結してあとは元のTPP協定をほとんどそのまま受け継いでいます。「遺伝子組み換えの輸入促進条項」も入っています。

離脱した米国トランプ大統領は、TPPよりも米国に有利になるよう日米FTAを突き付け、牛肉や農産物の輸入増を要求。これらの輸入拡大を日本政府はすでに合意していて、日本が求めていた米国の自動車関税の撤廃はされないことが明らかになっています。米国いいなりの国益を損なうだけの日米FTAなのです。さらにこの日米FTAとは切り離して、米中貿易戦争で中国が報復として輸入制限を課したトウモロコシ二七五万トンを日本が肩代わりさせられ輸入することになりました。しかも米国産トウモロコシの九〇パーセントはGMなのです。このような理不尽で、対等ではない貿易は断固拒否すべきです。しかしトランプ大統領に対しはっきりとものを言えないどころかいいなりの安倍政権によって国民の健康が売り渡され、国内農業の衰退に拍車がかかるでしょう。

11. 米国の裁判で立て続けにモンサント社に賠償判決

話を米国・モンサント社に戻します。

二〇一八年八月、これまでのＧＭ史を塗り替えるような画期的な判決が下されました。

除草剤ラウンドアップ（主成分グリホサート）の使用によって非ホジキンリンパ腫を発症したとして、米国の校庭管理人ドウェイン・ジョンソン氏が損害賠償を求めた裁判でサンフランシスコ地裁は懲罰的損害賠償を含め約二億九〇〇〇万ドル（約三二〇億円）の賠償金を支払うようモンサントに命じたのです（モンサントはバイエルに買収されたため、賠償義務を負うのはバイエル）。

裁判で、グリホサートががんを引き起こす可能性があることをモンサントは早くから知っていたとする秘密文書が明らかにされました。ジョンソン氏は「ラウンドアップが人に有害であるこ

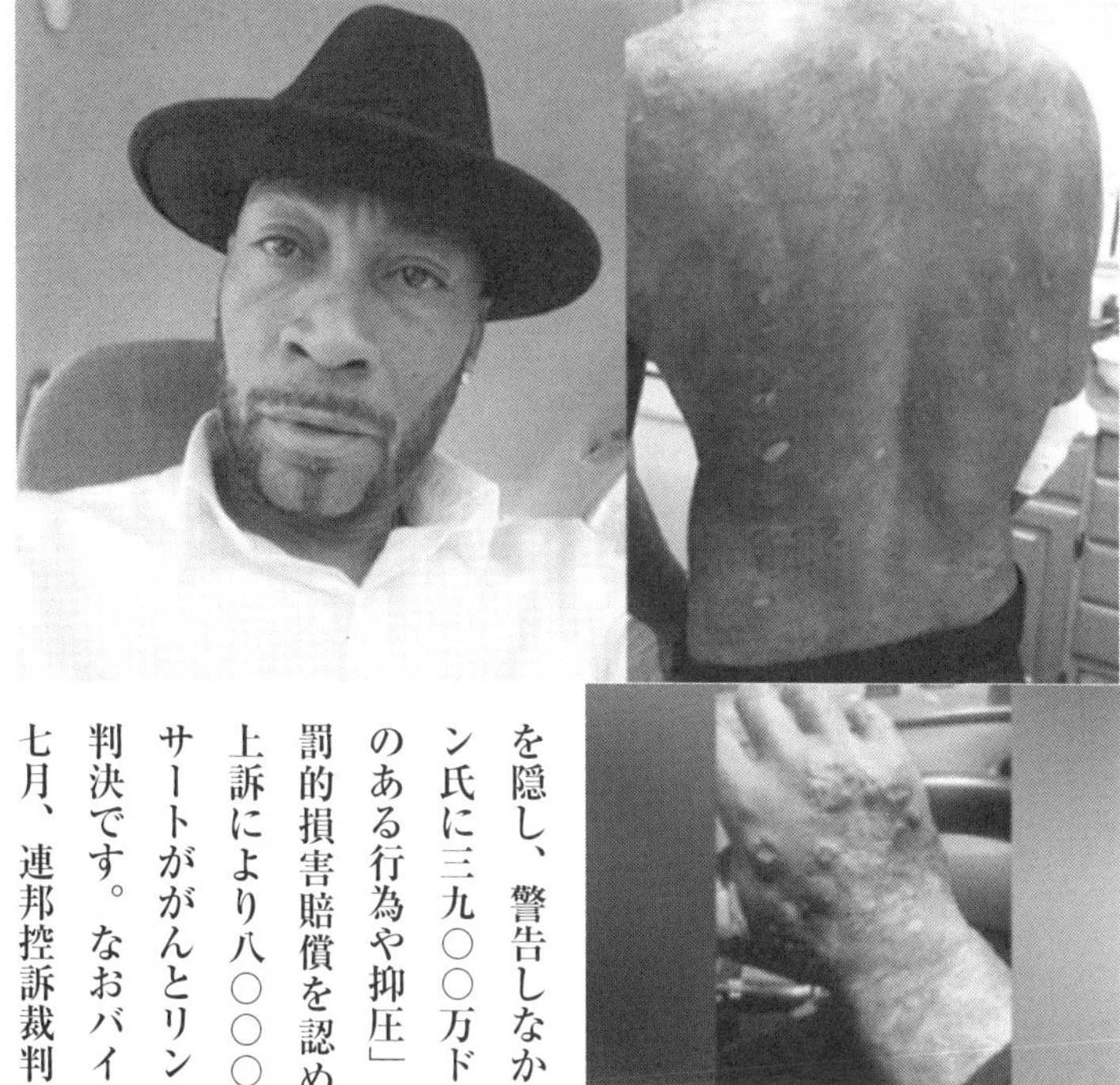

医師はジョンソンの身体全体に悪性癌の病変があると述べた
CNN　2016年6月17日写真
By Amanda Bronstad ¦ 7月 09, 2018

とを知っていたら、私も学校のグラウンドや人の近くに散布するなんて、絶対にしていなかった」と述べました。

陪審員は、がんの可能性を知りながらこれを隠し、警告しなかったモンサントの非に対しジョンソン氏に三九〇〇万ドルの損害賠償を認め、さらに「悪意のある行為や抑圧」に対して、二億五〇〇〇万ドルの懲罰的損害賠償を認めたのです（のちにモンサント社の上訴により八〇〇〇万ドルに減額）。この判決はグリホサートががんとリンクすることを認めた最初の画期的な判決です。なおバイエルは控訴しましたが、二〇二〇年七月、連邦控訴裁判所は控訴を棄却する判決を下し、損害賠償金を二〇五〇万ドルに減額して確定しました。

翌二〇一九年三月、米国連邦裁判所は同じく悪性リンパ腫を発症したハードマン氏に八〇〇〇万ドルを支払うようバイエルに命じる判決が下りました。連邦裁判所の決定の意味は大きく、バイエル株価は急落しました。

続いて二〇一九年五月にはカリフォルニア州地裁が原告二人に対する二〇億ドルの賠償判決を出しました。バイエル／モンサントに健康被害に対する一万数千件の裁判が待ち構えています。さらにオーストラリアでも提訴がされました。

二〇一八年六月にモンサントの買収を正式に認められたバイエルにとって手痛い一撃になります。これに続く裁判で敗訴しなくても多額の和解金を払わざるを得なくなるだろうと見られています。

バイエルは二〇一九年七月の第二四半期の業績発表では、米国でのグリホサート損賠訴訟が一万八四〇〇件に達したと発表していました。オーストラリアで二件、カナダでも五件の提訴が起きています。米国、カナダではラウンドアップを販売しているホームセンターも訴えられています。その後、第三四半期の業績発表をした一〇月一一日には四万二七〇〇人達したことを発表しました。二〇二〇年の二月現在、訴訟原告は四万八六〇〇人にまで膨れ上がりました。

バイエルのヴェルナー・バウマン社長は、米環境保護局（EPA）が二〇一八年一月に健康のリスクがないとの調査結果を出したことを引用し「グリホサートは指示通りに使えば常に安全だ」と述べていますが、発がん性を示唆する報告に加え、発がん性を隠す内部資料やメールのやりとりまで公にされているわけですから、敗訴は濃厚であり、ドイツ・マインファースト（MainFirst）銀行のアナリスト、マイケル・リーコック氏は、将来、ラウンドアップ関連で起こるであろう訴訟の「（賠償の）総額は一〇〇億ドル（約一兆一一〇〇億円）にも上り得る」と述べました。

風向きは、変わりつつあります。

バイエル

Bayer AG　ドイツのノルトライン＝ヴェストファーレン州レバークーゼンに本部を置く化学工業・製薬会社。創業は 1863 年。アスピリンやヘロインを世界に送り出した世界的医薬メーカー。ヘロインは当初、せきの薬として開発された。第二次大戦中、バイエルは、ナチスドイツが強制収容所のガス室で使用した殺虫剤ツィクロン B（Zyklon B）を製造していたイーゲー・ファルベン（IG Farben）の企業傘下にあった。イーゲーは戦後解体されたが、バイエルは解体されなかった。2018 年 6 月、バイエルはモンサントを買収した。

また裁判ではジョンソン氏の妻アラセリも証言しました。
彼女は、夫が、子どもがいないときにベッドで泣いて過ごしていたこと、そして「彼はそれを隠そうとした、自分が強いことを見せようとしたのだと思う」と述べ、それでも家族のために、常にポジティブであろうとしていたことを語りました。

アラセリは、夫の多額の治療費のために、2つ仕事を掛け持ちして14時間働き、ふたりの子どもに良い教育を受けさせるためにナパヴァレーまで車で送る生活をしていたことを証言しました。
ジョンソン氏は、がんに罹っていると分かったとき、モンサント社に連絡して、これがラウンドアップと関連しているかどうかを聞いたといいます。しかし会社からは返事がなく、彼は除草剤を使い続けました。

ジョンソン氏は、もしラウンドアップに発がん性があるということを知っていたら、使用しなかったと証言し、モンサントがリスクを隠すことで、10億ドルの利益を上げていることを非難しました。

ジョンソン氏は、「学校の敷地内や人々に危害を及ぼすことがわかっていれば、人々の周りにその製品を散布することはなかった」と感情的に語りました。「それは非倫理的です。それは間違っています。」

ドウェイン・ジョンソン vs モンサント：

2018年8月10日、世界に衝撃が走りました。カリフォルニア州サンフランシスコ最高裁判所が、モンサント社のラウンドアップ除草剤の曝露によって末期がんになったと主張するベニシア統一学区の元グランドキーパー・ドウェイン・ジョンソン氏の主張を全面的に認め、モンサント社に２億9000万ドルの賠償金支払いを命じたのです。陪審員たちは、ラウンドアップが彼に非ホジキンリンパ腫（NHL）を発症させたことのみならず、モンサント社がリスクを知りつつずっとそれを隠してきたことは懲罰に値すると判断したのです。

今回の裁判では、モンサント社がラウンドアップに発がん性があることを長年にわたって認識していたことを示す内部文書が証拠として提出されました。弁護団のひとりブレント・ウィズナー弁護士は、この機密文書を証拠として出すことができたことが勝訴の決め手となったと述べています。

MOMS ACROSS AMERICAによれば、モンサント社は長年、ラウンドアップが癌を引き起こすという証拠はないと主張してきましたが、ジョンソン氏の弁護士たちは、モンサント側の証人から、会社の従業員が科学記事をゴーストライテティングして、社外の科学者の名前で出すために金銭を支払っていた事実を提出、またラウンドアップの有効成分グリホサートが単独で試験されているだけなので、他の成分と混合している場合にどうなるのかはわかっておらず、試験としては不十分であると、モンサント社の科学顧問が告げていたことが明らかにされました。

第2章　この食品が危ない

日本の遺伝子組換え作物の輸入量推定（2016年）

作物 カッコ内は日本の自給率	日本への主要な輸出国 カッコ内は各国のGM作付比率	作物の総輸入量 （単位：千トン）	うち組換え作物の推定輸入量 （単位：千トン）	組換え作物推定輸入比率
トウモロコシ（自給率0%）	米国（93%） ブラジル（85%）	15,342	13,691	89%
ダイズ（自給率7%）	米国（94%） ブラジル（94%） カナダ（94%）	3,132	2,917	93%
ナタネ（自給率0%）	カナダ（93%） オーストラリア（22%）	2,366	2,118	90%
ワタ（自給率0%）	オーストラリア（100%） ブラジル（73%）	100	88	89%
合計		20,939	18,814	90%

出典：「財務省貿易統計」および「ISAAA Brief 52: Global Status of Commercialized Biotech/GM Crops: 2016」をもとにバイテク情報普及会とりまとめおよび試算

1．遺伝子組み換え（GM）作物のターゲットは日本

日本はGM作物の栽培国ではないものの、すでに年間約二〇〇〇万トンものGM作物を輸入しています。金額では世界一の輸入大国です。米国からGM大豆の輸出が始まった一九九六年末以来、毎年多量のGM作物を日本は輸入しています。

日本は、遺伝子組み換え（GM）品種の認可数（三〇九）でも世界一です。米国（一九七）よりも多いのです。日本が認可したGM作物は八作物ありますが、流通するのは、大豆、

トウモロコシ、綿実、ナタネの四種類です。

これら作物の主要輸出国ではＧＭ品種が高い割合で生産されており、日本に輸入されるこれら作物の九割程度がＧＭ品種と推測されます（表）。

四種のＧＭ作物は主に食用油になります。食用油はマーガリンやドレッシング、マヨネーズなど多様な食品の原料にもなります。またトウモロコシや、油を絞った後の脱脂大豆は家畜飼料に多く使われています。

しかし、スーパーで食品の表示を見ても、「遺伝子組み換え使用」と、表記されているものは、ほとんどありません。日本が遺伝子組み換え大国だと言われても、ほとんどの人は実感が湧かないはずです。

これは食品表示の〝マジック〟によるものです。

日本の食品表示は、食品表示法などによって規定されていますが、残念ながらおよそ消費者目線にたったものとは言い難いのが現状です。

たとえば、消費者庁が、食品表示について解説している「遺伝子組換え食品に関する事項」には、このように書かれています（一部抜粋）。

任意表示

ア　油やしょうゆなどの加工食品　油やしょうゆなど、組み換えられたＤＮＡ及びこれによって生じたたんぱく質が加工工程で除去・分解され、広く認められた最新の検出技術によってもその検出が不可能とされている加工食品については、遺伝子組換えに関する表示義務はありません。これは、非遺伝子組換え農産物から製造した油やしょうゆと科学的に品質上の差異がないためです。ただし、任意で表示することは可能です。

「意図せざる混入」

分別生産流通管理が適切に行われた場合でも、遺伝子組換え農産物の一定の混入は避けられないことから、分別生産流通管理が適切に行われていれば、このような一定の「意図せざる混入」がある場合でも、「遺伝子組換えでない」旨の表示をすることができることとしています。なお、この場合、大豆及びとうもろこしについて、五パーセント以下の意図せざる混入が認められています。

高オレイン酸遺伝子組換え大豆等の表示

別表第一八に定められている従来のものと組成、栄養価等が著しく異なる遺伝子組換え農産物（高オレイン酸遺伝子組換え大豆等）及びこれを原材料とする加工食品については、「高オレイン酸遺伝子組換えである」旨又は「高オレイン酸遺伝子組換えのものを混合したものである」旨の表示が義務付けられています。これは、組み換えられたＤＮＡやたんぱく質が検出不可能であっても、オレイン酸等を分析することで品質上の差を把握することができるためです。

「主な原材料」

遺伝子組換え農産物が主な原材料（原材料の上位三位以内で、かつ、全重量の五パーセント以上を占める）でない場合は表示義務はありません。

油は、遺伝子組み換え作物由来のタンパク質は検出できないからというわけですが、純度一〇〇パーセントの油脂はなく、不純物として遺伝子組み換え由来のたんぱく質がわずかながら入っているのです。アレルギー患者はごく微量のタンパク質に反応が出ます。ゴマアレルギー患者はゴマ油は食べられないのです。

しょうゆは発酵過程で遺伝子組み換え由来のタンパク質やＤＮＡは分解されて検出不可能なので、表示はできないとしています。しかしＥＵでは油にもしょうゆにも遺伝子組み換えの表示が義務付けられています。それは原料が遺伝子組み換え作物由来なら、表示するという考えなのです。

食品企業は使う原料が遺伝子組み換えかどうかを知っているのですから、ＥＵのように原料を基準にすれば表示できるのです。大量に輸入される遺伝子組み換え作物は多くが油を搾る油糧作物（大豆、菜種、トウモロコシ、綿実）です。油を表示対象からはずしたことで、大量に輸入される遺伝子組み換え作物の使用実態を見えなくしたのです。

また「主な原材料」にあるとおり、原材料の上位三位以内で、かつ全重量の五パーセント以上を占めるのでない限り表示義務がありません。ですので加工食品に使用されている大豆レシチン、コーンスターチやマーガリン、ショートニングなどに表示義務はありません。

またＧＭが多く使われていると思われるのは、食品添加物や加工品です。でんぷん、トレハロース、アミノ酸、乳化剤、醸造アルコール……加工食品によくみかけるこうした添加物などはＧＭである可能性が高いですが、これらが重量の五パーセントを占めることは通常ありえませんから、企業に表示義務はありません。

このように、私たちは表示されていないだけで、実際にはかなりのＧＭに日々さらされています。

四二～四三ページの表は、「遺伝子組み換え食品はいらない！キャンペーン」が製作している遺伝子組み換えについての啓発チラシですが、これを見て驚かれませんか？

メーカーは、これらがGMであるとは公表していません。GMであったとしても、日本の表示法では、すべてを正直に公表する〝義務〟はないからです。しかし様々な状況証拠から鑑みれば、恐らくGMの可能性の高い、加工食品群ということです。

アミノ酸やビタミンCなど食品添加物は遺伝子操作した細菌に作らせています。清涼飲料水などによく使われているビタミンC（Lアスコルビン酸）は、ほとんどが中国産の、遺伝子組み換えした細菌を使って製造したものと言われます。

またGM作物の流通過程における不作為の混入の問題もあります。米国は、収穫から輸出までコンテナによる分別流通管理を行ってもGMが混入してしまう割合は五パーセントくらいは避けられないと主張。そのため、日本は、GMでないという表示ができる分別流通管理されたものであっても、五パーセントまでの混入は容認されています。EUは、GMが〇・九パーセント以上混入がある場合は、GMとして扱われますから、この五パーセントルールは緩すぎると言わざる

品に
え作物が
の可能性が高いもの)

名　称　プレッツェル
原材料名　小麦粉、植物油脂、ショートニング、トマトペースト、砂糖、果糖ぶどう糖液糖、ベジタブルペースト、イースト、オニオンシーズニング、食塩、セロリエキス、乾燥ほうれんそう、デキストリン、酵母エキス／調味料（無機塩等）、乳化剤、香料、酸味料、香辛料抽出物、（一部に乳成分・小麦・大豆を含む）

名　称　菓子（コーンスナック）
原材料名　コーングリッツ、植物油脂、砂糖、焼きとうもろこし風味シーズニング、しょう油加工品、食塩、スイートコーンシーズニング、たん白加水分解物／調味料（無機塩等）、重曹、カラメル色素、香料、酸化防止剤（ビタミンE）、（一部に乳成分・小麦・大豆・鶏肉・豚肉を含む）

さび入りドレッ
ン、パン酵母、
加工デンプン、
多糖類、イース
エステル、酵素、
C、（原材料の
んご、ゼラチン、

名　称　清涼飲料水（ゼリー飲料）
原材料名　糖類（果糖ぶどう糖液糖、砂糖）、グレープフルーツ果汁、ゲル化剤（増粘多糖類）、香料、クエン酸、V.C、乳酸Ca、クエン酸Na、パントテン酸Ca、ナイアシン、V.E、V.B1、V.B2、V.B6、V.A、葉酸、V.D、V.B12、（原材料の一部にオレンジを含む）

品　名　炭酸飲料
原材料名　糖類（果糖ぶどう糖液糖、砂糖）、レモン果汁、香料、ビタミンC、酸味料、ベニバナ色素、パントテン酸カルシウム、ビタミンB6、カロチン色素

種類別　アイスミルク
原材料名　チョコレートコーチング、砂糖、モナカ（小麦・卵を含む）、乳製品、植物油脂、水あめ、デキストリン、加工デンプン、乳化剤（大豆由来）、セルロース、安定剤（増粘多糖類）、香料、アナトー色素、カロテン色素

名　称　米菓
原材料名　米（うるち米（米国産、国産）、もち米（タイ産））、植物油脂、砂糖、でん粉、たんぱく加水分解物（大豆を含む）、粉末油脂、加工でん粉、調味料（アミノ酸）、植物レシチン（大豆由来）

可能性のある主な加工品

工品・添加物	原材料
ぱく加水分解物	大豆
粉／加工でんぷん	トウモロコシ
う糖	トウモロコシ
ぶどう糖液糖 化糖)	トウモロコシ
め	トウモロコシ
ルロース	トウモロコシ
ストリン	トウモロコシ
用アルコール	トウモロコシ
酢	トウモロコシ
ん風調味料	トウモロコシ
剤	大豆
メル色素	トウモロコシ
ミンE	大豆
リトール	トウモロコシ
ンタンガム 粘剤)	トウモロコシ

可能性がある食品添加物

	用途
	甘味料
	栄養強化、着色料
	酸化防止剤
	調味料
	調味料
イソロイシンなど)	調味料

遺伝子組み換え表示のある食品は少ない

日本には遺伝子組み換え食品表示制度がありますが、表示義務のある食品は少なく、豆腐、味噌、納豆程度です。さらに加工食品には多くの遺伝子組み換え作物が使われていますが、原材料の上位3品目、かつ、原材料の重量に占める割合が5%以上であるものしか表示されません。

原材料のすべてが遺伝子組み換え作物でも、大豆油・ナタネ油・トウモロコシ油や醤油に表示がないのは、組み込まれた遺伝子やたんぱく質が検出されないことを理由にしています

増え続ける遺伝子組み換え食品添加物

加工食品に使われる食品添加物に細菌を用いて遺伝子組み換えで作られたものが増えています。細菌が作り出す不純物が混入する恐れがありますが、規制はありません。

清涼飲料水などに入っているビタミンCはほとんどが中国製で、細菌を用いて遺伝子組み換えで作られています。また、調味料（アミノ酸等）も同様に遺伝子組み換え細菌を使い生産しています。

遺伝子組み換え作物を使った食品すべてに表示を！

EUでは、遺伝子組み換え作物を使用したすべての食品、さらに飼料にも表示義務があります。これは食品の流通経路を追跡調査できるトレーサビリティ制度があるからです。

意図しない混入であれば、日本では5%まで許容されています。この許容率は、EUは0.9%、オーストラリアは1%、韓国と台湾は3%です。

名　　称　即席カップめん
原材料名　油揚げめん（小麦粉、植物油脂、食塩、糖類、醤油、ポークエキス、チキンエキス、たん白加水分解物）、スープ（豚脂、カレー粉、小麦粉、カレー調味料、玉ねぎ、でん粉、糖類、マーガリン、食塩、香味調味料、人参、魚介エキス、ピーナッツバター、香味油、香辛料）、かやく（フライドポテト、味付豚ミンチ、味付豚肉、人参、ねぎ）、加工でん粉、調味料（アミノ酸等）、カラメル色素、炭酸 Ca、増粘多糖類、かんすい、乳化剤、香料、酸味料、酸化防止剤（ビタミンE）、カロチノイド色素、香辛料抽出物、ビタミンB2、ビタミンB1、（原材料の一部に卵、乳成分、りんご、ごまを含む）

品　　名　カレールウ
原材料名　食用油脂（パーム油、なたね油）、小麦粉、砂糖、食塩、でん粉、カレー粉、香辛料、白菜エキスパウダー、野菜ブイヨンパウダー、ポテトフレーク、ビーフブイヨン、ローストキャベツパウダー、たん白加水分解物（大豆）、ポークパウダー、酵母エキス、野菜ペースト、調味料（アミノ酸等）、カラメル色素、酸味料、乳化剤、香料、（原材料の一部にバナナ、りんごを含む）

名　　称
原材料名
シング、砂糖
食塩、脱脂粉
乳化剤、調
トフード、香
着色料（フ
一部に乳成
魚醤（魚介

品　　名　食用調合油
原材料名　食用大豆油、食用なたね油

名　　称　分離液状ドレッシング
原材料名　醸造酢（醸造酢、レモン酢）、食用植物油脂、砂糖、食塩、レモン果皮、濃縮グレープフルーツ果汁、濃縮レモン果汁、香辛料／調味料（アミノ酸等）、香料、酸味料、増粘剤（キサンタンガム）、（一部に大豆・りんごを含む）

名　　称　スナック菓
原材料名　乾燥じゃが
トニング、とうもろこ
ウダー、植物油脂、砂
ウダー（食塩、乳糖、
ニオンエキスパウダ
ダー（大豆を含む）、麦
たん白加水分解物／
料（アミノ酸等）、貝（
香料、カロテン色素、
ンE、ビタミンC）

こんなに遺伝子組み換え作物を食べている！

トウモロコシはその4分の3が飼料に、残りがコーンスターチなどに使われています。
大豆やナタネは油に搾られた後、粕が飼料に使われます。
油にも飼料にも表示がないため、こんなに食べている実感がありません。

		2014年の作付け割合	日本の輸入の割合（2013年）	日本の自給率（2013年）	食卓に出回る割合
トウモロコシ	米国	93%	44.8%	0.0 %	73.6%
	ブラジル	68%	30.4%		
	アルゼンチン	85%	13.3%		
大豆	米国	94%	60.1%	6.0%	84.3%
	ブラジル	88%	23.5%		
	カナダ	94%	13.7%		
ナタネ	カナダ	95%	93.8%	0.0 %	89.1%
綿実（食用）	豪州	99.5%	94.6%	0.0 %	94.1%

※ 2014年の作付け割合は、全作付け面積の中の遺伝子組み換えの割合
トウモロコシのブラジル、アルゼンチン、大豆のブラジル、カナダ、綿実の豪州の作付け割合は2013年
出典）ISAAA、米農務省、農水省などより計算

今流通している作物

トウモロコシ

大豆

ナタネ
綿実

遺伝子組み換え作物か

加工品・添加物	原材料
大豆油	大豆
ナタネ油	ナタネ
綿実油	綿
コーン油	トウモロコシ
サラダ油	大豆、トウモ ナタネ、綿
植物油脂	大豆、トウモ ナタネ、綿
しょう油	大豆
マヨネーズ	大豆、トウモ ナタネ、綿
マーガリン	大豆、トウモ ナタネ、綿
コーンスターチ	トウモロコシ
植物たんぱく	大豆
ショートニング	大豆、トウモ ナタネ、綿

遺伝子組み換え技術で

食品
アスパルテーム・L-フェニルアラニン
ビタミンB2
ビタミンC
イノシン酸・グアニル酸（かつお節風味
調味料（アミノ酸等）
各種アミノ酸（バリン、ロイシン、セリ

を得ません。

また、GMが最も多く使われているのは家畜の飼料です。日本は家畜の飼料の七割以上を輸入に頼っていますが、アメリカから輸入される飼料（トウモロコシ）の九割はGMです。仮に加工食品を避けたとしても、間接的に、私たちは相当量のGMを口にしています。

以上、日本がいかにGM消費大国になってしまっているか、私たちが日々GM漬けになっているかが分かります。

2. GMは除草剤耐性か殺虫毒素生成

応用化されたGMの性質としては、除草剤耐性と殺虫毒素生成のどちらか、または両方が導入されています。

GM作物で一番多いのが除草剤耐性です。主に除草剤の「ラウンドアップ」に耐性（浴びても枯れない）を持たせています。

GM大豆畑にはラウンドアップが大量に散布され、大豆に残留するようになりました。

ＧＭ作物のラウンドアップ残留を考慮し、米国政府は残留基準値を大幅に緩めました。そしてこれを輸入する日本も米国と足並みを揃えました。日本の基準が米国より厳しいままだと米国産の大豆は輸入できないからです。これはゆがんだ貿易関係です。輸出国は輸入国の基準に合わせて輸出するのが貿易ルールの基本です。我が国が定めた基準を超えるものは輸入しないという姿勢を取るのが日本のあるべき対応ではないでしょうか。

米国は大豆のグリホサートの残留許容値として二〇ppmという高い値を設定。日本はこの大豆を受け入れるために、それまで六ppmだった許容値を二〇ppmにしました。さらに米国は、二〇一三年に、四〇ppmに引き上げています。雑草が農薬に耐性を持つようになったため散布量を増やすようになったからです。日本は遠からずこの基準を受け入れるのではないでしょうか。

流通するＧＭ作物のもうひとつの性質は殺虫毒素生成です。殺虫毒素を持つ土壌細菌の遺伝子を導入したトウモロコシでは、細胞すべてにこの毒素が作り出され、食べた害虫が死ぬのです。米国ではこの殺虫トウモロコシは農薬として登録されています。

殺虫毒素生成のＧＭトウモロコシ、油を搾ったあとの脱脂ＧＭ大豆が家畜飼料として大量に使用されています。日本の家畜飼料自給率は二五パーセント（二〇一八年）しかありません。飼料はすでに米国に握られ、しかもほとんどがＧＭなのです。

3．世界の流れに逆行する日本：グリホサートの残留基準緩和

国際的にグリホサート禁止の勢いが強まっていますが日本は世界の流れとは逆です。二〇一七年一二月、厚労省はグリホサートの残留基準値を大幅に緩和しました。最大で四〇〇倍の基準緩和です。ＧＭではないのに小麦やソバ、ゴマなどの残留基準値も大幅に緩められました。小麦は五 ppm から三〇 ppm へと六倍に、そばとライ麦は〇．二 ppm から三〇 ppm と一五〇倍になりました。これらが大幅緩和されたのは米国では収穫と乾燥を容易にするため収穫直前にラウンドアップを散布して枯らす収穫前処理（プレハーベスト）が行われるようにようになったからです。収穫直前の散布は残留量を大幅に増やします。安全性より効率重視の企業による大規模農業のやり方なのです。

また、肉にも基準が設定されるようになったのは輸入のＧＭトウモロコシやＧＭ大豆粕を家畜飼料に使用しているため、肉に残留が起こるからです。日本政府の規制緩和は輸出国のＧＭ作物

ラウンドアップ（主成分グリホサート）残留基準（単位ｐｐｍ）

農産物名	1999年 改正前	1999年 改正	2016年 改正	2017年 改正
コメ	0.1			
トウモロコシ	0.1	1.0	1.0	5.0
大　豆	6.0	20.0	20.0	
小　麦			5.0	30
大　麦			20.0	30
牛肉の食用部分			2.0	5
豚肉の食用部分			1.0	0.5
鶏肉の食用部分			0.7	0.5
そば、ライ麦			0.2	30
テンサイ			0.2	15
ナタネ			10.0	30
綿実			10.0	40
ごま種子			0.2	40
ひまわり種子			0.1	40
べにばな種子				40
小豆			2.0	10

とプレハーベストの受け入れのためです。

農水省が登録許可したグリホサート製剤は一〇六種類にも上ります。二〇一七年に残留規制値を大幅緩和した際にも、一挙に一〇種類も新規登録しています。

米国産の農作物の輸入に頼る以上、グリホサートの残留は認めざるを得ないというのが政府の立場です。自動車や工業製品輸出の代わりに農産物輸入を促進する政策の結果がこの有様です。国民の命、健康のために食の安全こそ政府が最優先で守るべきことです。そして米国依存ではなく独立国家であり続けるために食料自給を取り戻さなければならないと思わされます。残留基準値を貿易の非関税障壁と叩いて緩和させる貿易協定は根本的に不公正であり間違っています。

4. 日本におけるグリホサートの食品汚染事例

北米産輸入小麦にグリホサートが残留

日本の小麦自給率は一三パーセント（二〇一四年度）しかありません。ほとんどが輸入です。輸入先は米国が五一パーセント、カナダが三〇パーセント、オーストラリアが一六パーセント（二〇一二年度）〈農林水産省「知ってる？日本の食料事情」平成二八年八月〉です。

下の表を見てください。二〇一三年以降米国産とカナダ産の小麦では検査した九〇パーセント以上から、年によっては一〇〇パーセントからグリホサートを検出しています。これは小麦の収穫直前に行われるプレハーベスト散布が原因です。なお豪州が二〇一八年度に急に検出率が上がっているのは豪州もプレハーベストするようになったのかもしれません。

日本が輸入する小麦のほとんどをこれらの国々に依存していることは、輸入小麦を原料とするうどん、麺類、パスタ、パン、菓子など多数の食品への残留が懸念されます。しかし政府機関はそうした実態調査は行っていません。国産小麦の自給率を高めなければならないことがこのことからも言えるのです。

5. 輸入小麦使用の食パンすべてからグリホサート検出

農民連食品分析センターが行った検査では、輸入小麦使用の市販のパンほとんどすべてからグリホサートが検出されました（次ページ表参照）。輸入小麦のグリホサート検出率からみれば予想通りの結果ではありますが。各メーカーはグリホサートの心配のない国産小麦一〇〇パーセントの食パンを販売してほしいものだと思います。

小麦の【産地国別残留グリホサート検出率】

農水省　米麦の残留農薬等の調査結果より

	2013年	2014年	2015年	2016年	2017年	2018年
米　国	88.3%	94.3%	93.1%	96.2%	97.1%	98.0%
カナダ	97.1%	97.4%	98.8%	100.0%	100.0%	100.0%
豪　州	19.1%	19.5%	16.7%	14.3%	16.2%	45.5%
フランス	12.5%	40.0%	35.3%	13.3%	13.3%	0.0%

食パンの残留グリフォサート検査結果

製造者	商品名	残留濃度／ppm
敷島製パン	パスコ 麦のめぐみ 全粒粉入り食パン	0.15
山崎製パン	ダブルソフト全粒粉	0.18
山崎製パン系列店	全粒粉ドーム食パン	0.17
マルジュー	健康志向全粒粉食パン	0.23
山崎製パン	ダブルソフト	0.10
山崎製パン	ヤマザキ超芳醇	0.07
敷島製パン	パスコ 超熟	0.07
フジパン	本仕込	0.07
神戸屋	朝からさっくり食パン	0.08

2019年４月に発表された農民連食品分析センターの検査結果

6. 世界の動きと日本

消費者の不安の高まりを背景に、世界最大のパスタメーカー、イタリアのバリラ社は一八年四月、グリホサート残留の懸念があるカナダ産小麦の使用を三五パーセント削減、新たな契約をストップすると発表しました（iPOLITICS、二〇一八・四・三）。

イタリアにとってカナダはデュラム小麦の最大の供給国ですが、その高い品質にもかかわらず、グリホサートの残留基準値が五ppmであり、収穫前の除草剤散布が問題になるとバリラ社は考えたのです。「有機農業ニュースクリップ」によれば、バリラ社はグリホサートの残留量が許容値の範囲内であっても、〇・〇一ppm以上の残留のある小麦は使わないとしたのです。これはとても厳しい値です。

一方、日本は二〇一七年、グリホサートの残留基準を大幅に緩和しました。小麦は五ppmから三〇ppmへと六倍、そばとライ麦は〇・二ppmから三〇ppmへと一五〇倍で、大幅に緩和されました。これは、グリホサートの収穫前処理使用の実態を追認するための規制緩和でしょう。加えて、米国ではグリホサート耐性の遺伝子組み換え小麦が開発されています。いつ商業生産が始まるかわかりませんが、そのときに備える意味もあるのかもしれません。

イタリアの人たちが、五ppmの残留基準値に懸念を強めているというのに、日本はその六倍に緩和して、輸入受け入れ態勢を整えているという事実。暗澹たる思いにかられます。

7. カナダ、豆のグリホサート使用を排除するも、小豆は例外

二〇一九年九月九日farmtario記事によると、ドライビーンズ（乾燥豆）を生産するほとんどのアメリカの州では、プレハーベストの乾燥剤としてグリホサートの使用をすでに排除しています。カナダは二年遅れて、カナダ産ドライビーンズの市場アクセスを失わないために今年の収穫からグリホサートを収穫時に使用しないことを農業団体は決定しました。この決定は、消費者の

強い懸念の結果です。

EU（欧州連合）のバイヤーは供給を多様化するために世界中のさまざまな地域を探し始めています。新しい成長分野はグリホサートを使用していないことです。イタリアは、グリホサートがカナダで小麦に使用されているという事実によって、カナダのパスタ用小麦の輸入を劇的に減少させました。ビジネスリスク管理の観点からグリホサート使用をやめることは理にかなっているのです。

しかし、小豆はグリホサートが引き続き使用できるといいます。なぜなら小豆はグリホサートの残留基準が緩和（四七ページ表参照）された日本市場に向けられているからだそうです。

8．テレビCM　日本では野放し

アルゼンチンではラウンドアップのテレビCMが派手に流れていると冒頭のドキュメンタリーで報じていましたが、日本も同様です。

日本でのラウンドアップの生産・販売権は、二〇〇二年にモンサント社から日産化学工業に譲渡されました（ただし商品は、ベルギーのモンサントの工場で作られたものを輸入）。商品名

「ラウンドアップマックスロード」として販売されています。

なおグリホサートは特許が切れた後、ジェネリック（特許切れ品）として成分を少し変えたグリホサート商品が多数、各社から出されています。これらの中には農薬登録をしていない、毒性が不明な商品が存在していて問題です。家庭用・菜園用等々のグリホサート製品が、ホームセンター、アマゾンなどの通販等々で簡単に手に入ります。製品説明には「本製品の特長─土壌微生物により、天然物質に分解されますので土に残らず土壌をいためません。」とあり、警告表示はありません。テレビＣＭでは、「根まで枯らす確実な除草効果と土への安全性」を宣伝しています。

しかし、「ラウンドアップは生分解性のよい、安全な農薬」は虚偽広告との判決が下され、このような広報活動が禁止になったところもあるのです。

たとえばニューヨーク州では、一九九六年、モンサントが「食卓塩より安全」「飲んでも大丈夫」「動物にも鳥にも魚にも〝事実上毒ではない〟」と宣伝していたことに対し、ニューヨークの弁護士が訴訟を起こしました。現在ニューヨーク州ではラウンドアップを「安全な農薬」と宣伝

2017年7月4日

お客様各位

日産化学工業株式会社
農業化学品事業部 営業本部
営業企画部

米国カリフォルニア州のグリホサートに関する発表について

平素は当社ラウンドアップマックスロード製品（有効成分：グリホサート）をご愛顧くださり、誠にありがとうございます。

2017年6月26日、米国カリフォルニア州環境保健有害性評価局（OEHHA）は、同州で定める通称プロポジション65の物質リストに、発がん性物質として、当社の農薬製品であるラウンドアップマックスロード®の有効成分であるグリホサートを7月7日から加えると発表しました。

しかし、日本においては、2016年7月、独立したリスク評価機関である内閣府食品安全委員会が、グリホサートには、「神経毒性、発がん性、繁殖能に対する影響、催奇形性及び遺伝毒性は認められなかった」と評価しています。また、プロポジション65はカリフォルニア州が独自に定めた州法であり、日本のラウンドアップマックスロード®への影響はありませんので、引き続き安心して当社製品をお取扱いくださいますようお願い申し上げます。

今回の報道につき、詳細を下記の通りご説明いたします。

記

カリフォルニア州プロポジション65（Proposition 65：Proposition65 Safe Drinking Water and Toxic Enforcement Act of 1986　1986年安全飲料水及び有害物質施行法）は、人体や飲料水を有害な化学物質から守ることを目的として、1986年11月に制定された州法です。これの対象となる物質はリストに加えられ、現在850以上が掲載されています。

OEHHA（Office of Environmental Health Hazard Assessment）がグリホサートをリストに加える根拠としたIARC（国際がん研究機関、International Agency for Research on Cancer）のモノグラフ112は2015年に発表され、グリホサートを発がん性に関してグループ2A：probably carcinogenic to humans（おそらく人に発がん性あり）に分類しています。

しかし、アメリカ合衆国における最新の評価としては、2017年3月17日に連邦政府当局からグリホサートは「ヒトに対して発がん性があるとは考えにくい"not likely to be carcinogenic to humans"」と発表されています。さらにIARCの発表から今日まで、ヨーロッパ、カナダ、ニュージーランド、オーストラリア、さらにWHOのJMPRによって、グリホサートの発がん性を否定する内容の評価が次々と発表されています。

以上

【参考】

IARC	国際がん研究機関（International Agency for Research on Cancer）。がんの原因及び予防の研究、がんに関する情報の収集・普及などを目的として設立されたWHO（世界保健機関）の下部機構。
WHO	世界保健機関（World Health Organization）。国際連合の専門機関の一つ。
JMPR	FAO/WHO合同残留農薬専門家会議（Joint Meeting on Pesticide Residues）。FAO（国際連合食糧農業機関）とWHOが共同で農薬の残留基準値を決めるために設立された。
食品安全委員会	国民の健康の保護が最も重要であるという基本的認識の下、規制や指導等のリスク管理を行う関係行政機関から独立して、科学的知見に基づき客観的かつ中立公正にリスク評価を行うため、2003年7月1日に新たに内閣府に設置された機関。

●米国カリフォルニア州がグリホサートを発がん物質リストに入れたことに対する日産化学工業の見解。日本の基準において問題ないと説明しています。
https://www.roundupjp.com/information/pdf/info201707_1.pdf

することが禁止されています。

フランスでは二〇〇一年に、消費者の権利を守る運動の活動家が訴訟を起こしました。争点になったのはグリホサート使用による土壌の汚染問題で、ＥＵは「環境に危険であり、水生動物にとって毒である」とし、二〇〇七年には、生分解性できれいな土壌を残すという広告を虚偽広告と判決が下りました。モンサントは「嘘の広告」で有罪判決を受け、二〇〇九年に判決が割定されました。罰金として一三八〇〇ユーロ（約一六六万円）を科されています。

9．グリホサートは神経毒性のある有機リン系農薬

日本は農薬集約度（単位面積当りの使用量）でトップクラスの農薬使用天国です。そのなかで一番使用が多いのが有機リン系農薬です。有機リン系農薬は神経毒性農薬です。グリホサートは有機リン系農薬です。

基準以下であっても慢性的摂取で低運動性、筋硬直、低体温、精神機能障害、遅発神経毒性、記憶障害、学習障害が起こるとされています。

10. 空中散布は広く地域を農薬汚染する

空中散布が野放しの日本ですが、欧米では有機リン剤の空中散布は禁止なのです。

ＥＵでは有機リン剤の使用が禁止されており、農薬空中散布そのものが原則禁止です。米国では有機リン剤の空中散布は原則禁止されています。一方日本では空中散布は農地のほか、松枯れ防除としても広く行われ、周辺農地のみならず、ため池も水路も子供の通学路の上にもミツバチが活動するところにも暴力的に農薬が降り注いでいます。空中散布は規制すべきです。

11. 日本人の神経難病が増加

日本人の神経難病が増加しています。二〇〇〇年、神経毒性学雑誌（Neuro Toxicology）で「農薬の曝露は、パーキンソン病の発症リスクを増加させる」と発表されました。

日本では、一九八〇年～二〇一〇年の三〇年で、パーキンソン病関連疾患は一三・六倍に増加。

神経難病や原因不明の難病が激増しています。

「胎児期の有機リン系農薬の曝露（母親の曝露）と子供が七歳の時のＩＱ低下とは関連する」（二〇一一年）との発表もあります。特殊学級や養護学級に在籍する子供の割合は、一九九三年から二〇〇六年までのわずか十数年間で約二倍に増加しました。

日本ではネオニコ系農薬の使用量は最近一〇年で三倍に増加しています。

これと並行するように発達障害が増加の一途をたどっています。

二〇一七年文部科学省の小中学童調査で、通級による指導を受けている児童生徒数は前年度に比べ一〇，〇〇〇人余り増え一〇・八パーセント増加、昨年度に比べ自閉症で三六九一名増、情緒障

通級による指導を受けている児童生徒数の推移（障害者別／公立小・中学）

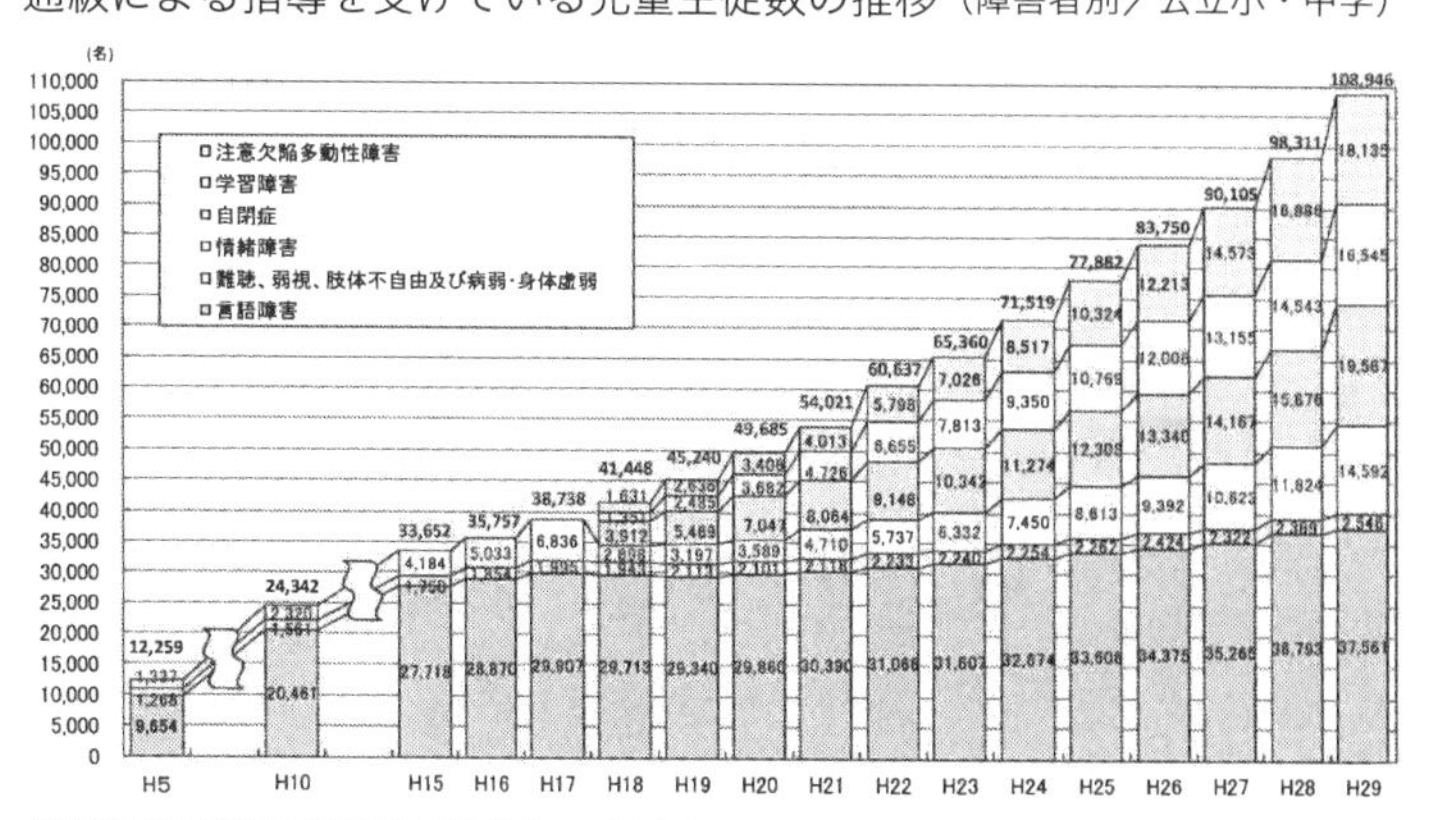

※ 各年度５月１日現在
※「難聴その他」は難聴、弱視、肢体不自由及び病弱・身体虚弱の合計である
※「注意欠陥多動性障害」及び「学習障害」は、平成１８年度から通級指導の対象として学校教育法施行規則に規定
（併せて「自閉症」も平成１８年度から対象として明示：平成１７年度以前は主に「情緒障害」の通級指導の対象として対応）

害で二七六八名増、学習障害（ＬＤ）で二〇〇二名増、注意欠陥多動性障害（ＡＤＨＤ）で一二四九名増となっています。

農薬登録において（胎児期に曝露されたら成長過程でどんな影響があるかという）「発達神経毒性試験」は義務づけられておらず、胎児や子どもへの脳発達への影響は無視されています。（注：農水省は二〇一九年四月一日以降、農薬登録のための毒性試験に発達神経毒性を追加したが任意のため必須試験とはなっていない。）

二〇一二年一二月、米国小児科学会は子どもの農薬曝露を減らすべきとの公式勧告を発表しました。農薬曝露は小児がんのリスクを上げ、脳発達に悪影響を及ぼし、健康障害を引き起こすとし、以下の研究事例を挙げています。

- ＡＤＨＤのリスクは有機リン系農薬のばく露により約二倍高くなる（二〇一〇）
- 有機リン系農薬に胎児ばく露すると、三歳でＡＤＨＤや自閉症の前駆症状を示す（二〇〇六）
- 知能（ＩＱ）低下、作業記憶の障害が有機リン系農薬（クロルピリホス）で起こる（二〇一一）
- 小児がんのリスクは、一五歳まで農薬を多用する地域に住んでいた子どもが高い（二〇〇八）

- 先天異常発生率は農薬散布者（男性）の子どもに有意に高い（一九九六）
- 喘息になるリスクは、生後一年間に農薬や除草剤にばく露された子どもに高い（二〇〇四）
- 有機塩素系農薬やＰＣＢにばく露されると、後に肥満や糖尿病になりやすい　（二〇一一）

二〇一五年国際産婦人科連合は「農薬や環境ホルモンなど有害な環境化学物質の曝露によりヒトの生殖、出産異常が増え、子どもの健康障害や脳機能の発達障害が増加している」と警告を発しました。

農薬で一番影響を受けるのが胎児や子どもであり、人類の未来を脅かしているのです。

二〇一八年四月から日本で、主要農作物種子法（種子法）が廃止になりました。それまで種子法によりコメ、麦、大豆については県の農業試験場など公的機関が開発・育成し、農家に良質な種子を安定的に低価格で供給する体制でしたが、これを民間企業に移行させることになったのです。岩盤規制の破壊を進める安倍首相いうところの「企業が一番活動しやすい国にする」の一環です（第五章に記述）。これによってさまざまな弊害が懸念されていますが、そのひとつが、モンサント（現バイエル）などアグロバイオ企業によるＧＭ種子の国内販売と生産です。ＧＭ作物の生産が始まれば日本でもラウンドアップの一層の大量散布が行われることになり、深刻な汚染が広がります。まずはドイツのようにＧＭの国内生産を禁止することです。

12. ＧＭ食品の安全性

人類がこれまで口にしたことのない新奇の食品であるにもかかわらず、まともな安全確認がされないまま、米国から輸出が始まって二〇年が経ちました。その間に安全性に疑義を示す研究がいくつも発表されています。

ロシアの科学アカデミーのイリーナ・エルマコバ博士のＧＭ大豆を食べさせた母ラットの実験では、子ラットの死亡率が著しく高く五一・六パーセントにもなったのです。ＧＭ大豆を食品として摂取している日本人にとってショックな内容です。

カナダのシャーブルック医科大学産婦人科医師らの調査（二〇一一年）で、ＧＭ由来の殺虫毒素が九三パーセントの妊娠女性の血液から検出、八〇パーセントの女性の臍帯血からも検出したのです。

殺虫毒素生成のＧＭ作物にはすべての細胞に殺虫毒素ができています。開発企業は殺虫毒素は

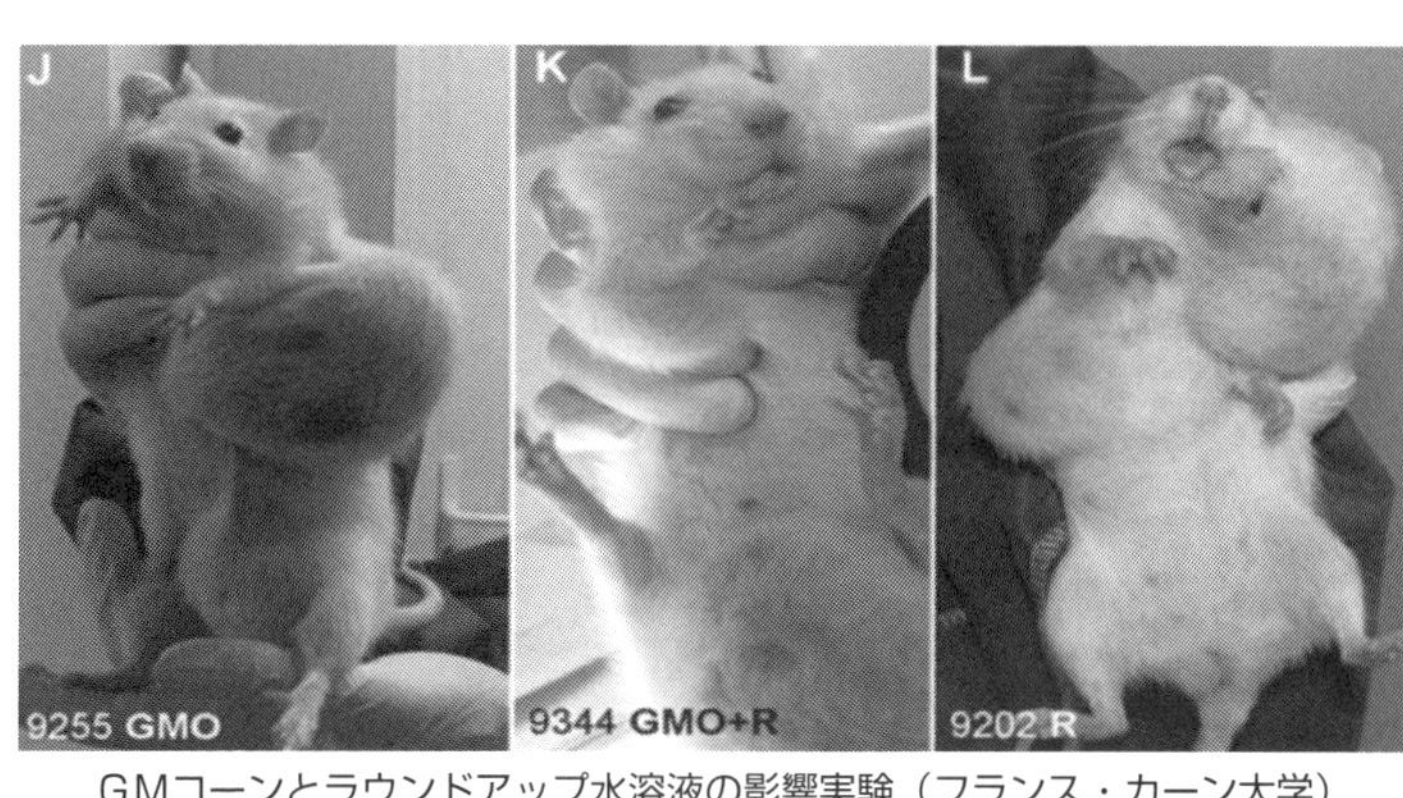

GMコーンとラウンドアップ水溶液の影響実験（フランス・カーン大学）

標的の害虫にだけ作用し、ヒトが食べても腸液で分解されてしまうから影響はないと主張していました。しかし、一部は分解されずに吸収され血液に入って全身をめぐり、胎児にまで移行していることがわかったのです。

フランスのカーン大学セラリーニらの実験（二〇一二年）ではラットに二四カ月給餌（GMコーンやラウンドアップ水溶液）したところ巨大腫瘍ができ、次々と早期に死亡したのです。写真右はラウンドアップ水溶液投与による腫瘍、真ん中はGMコーンとラウンドアップ水溶液投与による腫瘍です。左写真はGMコーン投与の腫瘍です。

これまで動物実験は三カ月までの給餌実験しかされてきませんでした。この実験ではラットの寿命に匹敵する二年間という長期間、通常六〇から九〇匹程度で行われるところ二〇〇匹で行われました。雌では大きな腫瘍の発生率が高く、その大半が乳がんでした。雄では肝機能障害と腎臓の肥大など解毒臓器への影響が顕著でした。腫瘍は四カ月目から現れました。三カ月までの実験でよしとしてきた開発企業は影響のである長期実験を避けていたのではないでしょうか。

13. GM作物の影響

エジプトのタント医科大学の研究チームの実験（二〇一七年）では殺虫性トウモロコシで腸の粘膜の損傷が起こり、特に十二指腸と回腸の間にある空腸組織を損傷し大きく変化させていました。殺虫毒素の直接的な影響と腸内細菌の減少による間接的影響が疑われると発表。腸内細菌の減少は体全体の健康にも影響すると思われます。

米国環境医学会はGM作物について公式見解を発表（二〇〇九年）。過去の動物実験を分析した結果、一．免疫システムへの悪影響、二．生殖や出産への影響、三．解毒臓器（肝臓、腎臓）に傷害が起きているとし、GMの流通を止めるべきだと提言。そして長期の実験を行うことや表示が不可欠と指摘。しかし米国政府はいまだ政策に反映しようとしません。

14．ＧＭ規制の国々

・欧州連合（ＥＵ）ではＥＵが認めたＧＭ品種について加盟国の裁量に委ねるとする理事会指令（二〇一五年）が出され、加盟二八カ国のうち一九カ国が禁止を決定しています。
・ロシアは二〇一六年にＧＭの輸入と栽培を禁止しました。
・ウクライナ、アゼルバイジャンも禁止
・ドイツ連立政権の予備交渉ではＧＭ作物の禁止で合意（二〇一八年一月）
・イタリア、仏、オーストリアが禁止
・スロベニア、アルメニアがＧＭＯ不使用宣言
・スイス　国民投票で禁止
・英国とスコットランドは学校給食にＧＭを禁止し、レストランメニューに表示義務化しています。
・台湾は、米国から大量に大豆を輸入していますが学校給食にＧＭ大豆使用を禁止（二〇一五年）しました。

・インド・シッキム州は、農薬やＧＭなど使用の非有機農産物の輸入・販売を禁止（二〇一八年四月）

日本も国民の健康を第一にする政治を取り戻し、外圧をはねのけ、食卓からＧＭを排除していかねばなりません。

第3章　ミツバチが消えた

1. ネオニコチノイド系農薬

日本で有機リン系農薬に次いで二番目に使用量が多いのがネオニコチノイド系農薬です。

有機リン系、ネオニコ系農薬ともに神経毒性農薬です。どちらも発達途中の神経に影響し、低濃度の反復的曝露で実験動物の脳に形態学的変化を起こし、新生児期から成熟期にかけて複合曝露されると自発性行動の障害、学習や記憶能力に障害が起こり新生児期に殺虫剤に曝露されると低濃度でも成長後のアレルギー反応を増強すると指摘されています。

ほとんどの農作物に農薬は適正使用されていますが、残留基準以下の低濃度の農薬であっても私たちは毎日の食事から摂取し続けているわけです。そして、この低濃度の反復的曝露こそが問題なのです。

2. ネオニコチノイド系農薬の特徴は浸透性、残効性、神経毒性

〈浸透性〉　根、葉、茎、果実に浸透し、洗っても落ちない。
〈残効性〉　残効性が高い。農薬使用量が少なくて済むとして減農薬栽培として多用。
〈神経毒性〉　神経伝達物質アセチルコリンの受容体に結合、神経伝達スイッチをオンにして興奮状態が続いて死なせるのです。アセチルコリンは昆虫類の脳の主要な神経伝達物質です。ヒトでは自律神経、抹消神経に多く、記憶や学習、情動など中枢神経でも重要な働きをしています。ヒトの健康への影響、とりわけ成長過程にある子どもの脳の発達への影響が懸念されています。

ミツバチが巣に戻らず、大量失踪

ミツバチが大量失踪するという奇妙な現象が報告され始めたのは一九九〇年代。巣穴には女王ハチはおり、さなぎも孵化しているのに、ミツバチだけがいなくなり、周辺にも死がいもない――ＣＣＤ（蜂群崩壊症候群）と名付けられたその現象は、北米、ヨーロッパ、中国、日本、南米……世界の至る場所でみられるようになりました。農作物の三五パーセントは、ハチを介して受粉しているともいわれており、ミツバチが減少していくことは、食糧危機にもそのまま直結していきます。この奇妙で深刻な現象に対し、ダニやウィルス、農薬による環境破壊など様々な原因が議論されてきましたが、最近になって主原因はネオノコチノイド系農薬ということで決着したようです。二〇一二年、ネイチャー、サイエンスなどにその根拠が掲載されました。

●ネオニコチノイド系農薬がミツバチの採餌行動を減少させ、生存率を低下させる
ミツバチに亜致死レベルのネオニコチノイド系農薬（成分名：チアメトキサム）を与えた実験では、通常の ハチと比べて巣の外で死ぬ確率が二〜三倍高かった。この農薬は中枢神経に作用し、巣に帰る能力に障害がでたとみられる。Henry M, et al. Science 二〇一二；三三六

●ネオニコチノイド系農薬がマルハナバチコロニーの成長と女王の生産を減少させる
マルハナバチの群れを低濃度のネオニコチノイド系農薬（成分名：イミダクロプリド）に曝す実験で、六週間後には、正常な群れと比べて次世代を生み出す女王バチの数が八五パーセント減少した。Whitehorn PR, et al. Science 二〇一二；三三六

●ネオニコチノイド系農薬とピレスロイド系農薬の複合影響でマルハナバチコロニーが弱体化
一般的に使用されているレベルの低用量の曝露でも、よく使用される二種類の農薬の複合影響でマルハナバチの採餌行動をおかしくさせ、働きバチの死亡率を上昇させることによって群の弱体化をもたらす。Gill RJ, et al. Nature 二〇一二；四九一

ミツバチを守るために二〇一八年、ＥＵはネオニコ三種（イミダクロプリド、クロチアニジン、

チアメトキサム）の屋外使用を禁止しました。また二〇一八年、米カリフォルニア州はネオニコ系農薬の新規登録を認めない決定をしました。

3．神経毒性のある他の農薬

・フィプロニル（フェニルピラゾール系殺虫剤）

神経伝達物質GABA（ギャバ）の作用を阻害して神経伝達を遮断し虫を殺します。浸透性などネオニコ類似の作用があります。

日本では、ノミ、ゴキブリ、アリ、シロアリなどの害虫駆除として多用されています。商品名はコンバット、ブラックキャップ、ゴキファイター（これらはゴキブリ用）、フロントライン（ペットのノミ取り用）、プリンス（水稲用・園芸用害虫用）などです。ウサギには死亡や呼吸困難の危険があるためフィプロニルを含むノミ・マダニ駆除薬は使用できません。

二〇一三年EUが使用禁止しました。

・殺虫剤スルホキサフロル

スルホキサフロルは、従来のネオニコチノイド系農薬と比べ、ミツバチなどへの影響が小さいと喧伝されていますが、これまでのネオニコチノイド系と同様、神経細胞のニコチン性アセチルコリン受容体に作用します。

米国環境保護庁（ＥＰＡ）は二〇一五年、米国蜂蜜生産者協会（American Honey Producers Association）などがスルホキサフロルの承認取り消しを求めた裁判で敗訴し、登録取消に追い込まれました。二〇一六年になり米国環境保護庁は、スルホキサフロルを再登録し、二〇一七年七月にスルホキサフロルがネオニコチノイド系や有機リン系などの農薬に耐性が出来つつある害虫の防除に「有効」として適用作物を拡大して追加登録したのです。

米国の受粉者管理協議会（Pollinator Stewardship Council）とアメリカ養蜂家連盟（American Beekeeper Federation）らは二〇一七年九月、米国環境保護庁（ＥＰＡ）の適用拡大の取消を求めて米国連邦控訴裁判所に提訴しました。環境ＮＧＯの生物多様性センターなども同年八月に取消を求めて提訴しています。

オランダのルーヴェン・カトリック大学の研究グループは二〇一九年四月、スルホキサフロルの受容体は、ネオニコチノイドと実質的に同一、同じ作用機序であると専門誌に発表。化学的な組成で分けるのではなく、標的とする受容体における薬理学的活性に基づくべきであるとしています。

日本は、二〇一三年農水省からスルホキサフロルの基準設定要請を受け、食品安全委員会は二〇一七年新規登録し、現在一六種類が登録されています。適用作物はイネのほか、リンゴ、ナシ、柑橘などの果実類、キャベツ、ハクサイ、大根やキュウリ、ナスなどの果菜類も広くカバーしています。商品名「エクシード」（水田用）、「トランスフォーム」（園芸用）などです。

４．禁止や規制に取り組む国際社会

ネオニコチノイド農薬：各国の規制状況　（有機農業ニューースクリップ二〇一八／五／九より）

●ＥＵ：イミダクロプリド、チアメトキサム、クロチアニジンの三剤について
二〇一三年一二月から二年間の一時使用禁止
二〇一八年四月、屋外全面禁止を決定
フィプロニル　二〇一七年九月登録失効

●スイス：二〇一三年、ＥＵに並び三農薬の一時使用禁止

●フランス：二〇一八年九月よりすべてのネオニコ農薬を禁止。フィプロニル二〇〇四年使用禁止
●イギリス：二〇一七年、ネオニコチノイド系三農薬の包括的禁止に方針転換
●米国：二〇一五年、三農薬を中止
●カナダ：二〇一七年、三農薬の一部作物への使用禁止を含む規制強化を発表
●台湾：二〇一七年、三農薬のライチとリュウガンへの使用を二年間禁止
二〇一六年からフィプロニルの茶葉への散布禁止
●韓国：二〇一四年、EUに準拠して三農薬を使用禁止
●ブラジル：二〇一五年、三農薬とフィプロニルの綿花開花期に周辺での使用を禁止

5. 日本だけは基準を緩和

国際社会が規制強化、禁止の措置をとっていますが、日本だけは二〇一五年から二〇一七年に三農薬とアセタミプリドの基準緩和を行い、スルホキサフロルの新規承認をしています。

左の表をご覧ください。日本のアセタミプリドの残留基準は茶葉三〇 ppm（EU〇・〇五）、

アセタミプリドの残留農薬基準値（ppm）2018. 9現在

食品	日本	米国	EU	食品	日本	米国	EU
イチゴ	3	0.6	0.05*	茶葉	30	**	0.05*
リンゴ	2	1.0	0.8	トマト	2	0.2	0.2
ナシ	2	1.0	0.8	キューリ	2	0.5	0.3
ブドウ	5	0.35	0.5	キャベツ	3	1.2	0.7
スイカ	0.3	0.5	0.2	ブロッコリー	2	1.2	0.4
メロン	0.5	0.5	0.2	ピーマン	1	0.2	0.3

*検出限界以下　　**輸入茶のみ鑑定値（2010年2月）　食品安全委員会資料より作成
ペットボトルのお茶で2.5ppm検出した例があり、子どもが800ml飲むとアセタミプリドの一日摂取許容量（0.071mg/kg体重／日）を超える。

イチゴ三ppm（EU〇・五）、ブロッコリー二ppm（EU〇・四）といった具合で、EUは日本の六〇〇倍から五倍も規制が厳しいのです。

6．クロチアニジンも基準値を緩和

同じくネオニコ農薬でEUなどが禁止したクロチアニジンについても緩和しています。

クロチアニジンの残留基準緩和

＜作物名＞　二〇〇九年　二〇一三／二〇一四年

- カブ類の葉　〇・〇二　→四〇（二〇〇〇倍！）
- コマツナ　一　→一〇
- シュンギク　〇・二　→一〇（五〇倍！）
- ホウレンソウ　三　→四〇（一三倍！）
- チンゲンサイ　五　→一〇

・ヤマイモ　〇・〇二　↓〇・二
・パセリ　二　↓一五
・ミツバ　〇・〇二　↓二〇（一〇〇〇倍！）

〇日本の残留基準値の異常さは台湾とのイチゴにおける比較でも歴然です。

イチゴの残留農薬基準値（ppm）　二〇一五年三月末現在

	日本	台湾	
・アセタミプリド	三	一	（三倍）
・チアクロプリド	五	〇・〇二	（二五〇倍）
・チアメトキサム	二	〇・〇一	（二〇〇倍）

台湾はこのような基準の日本のイチゴを輸入拒否しています。日本の高品質のイチゴであっても残留農薬がネックになって輸出ができないのです。二〇一九年二月に日欧ＥＰＡ（経済連携協定）が発効。農水省は日本の茶や果物の輸出拡大が見込めるとしていますが、それは現実無理な話なのです。せいぜい日本酒くらいしか買ってもらえないでしょう。

7. 国産茶からネオニコ農薬の検出

○緑茶から高い残留農薬が検出されています。
北海道大の研究チームが検査した日本産茶葉すべてからネオニコ系農薬七種とその代謝物一〇種類を、茶飲料ボトルから六種類を検出しています（次ページ・表 Toxicology Reports. 二〇一八・六・一九）。とくに茶葉の農薬残留量の高さに愕然とさせられます。茶葉は洗わずお湯で抽出してそのまま飲むものですから農薬を使用しない有機栽培であるべきです。

8. ネオニコが漁業にも影響　宍道湖でウナギが激減

（有機農業ニュースクリップ速報版二〇一九・一一・〇一から転載）

産総研などの研究グループは一一月一日、ネオニコチノイド系農薬の一つイミダクロプリドが使われ始めたのと時期を同じくして宍道湖（島根県）のウナギ、ワカサギの漁獲量が激減している状況があり、これらの餌となる水生生物を殺し、間接的にウナギやワカサギを激減させていた可能性を指摘した研究結果をサイエンス誌 Science, 二〇一九年一一月一日に発表した。

お茶・ペットボトルの農薬検出率

	日本茶葉		ボトル茶飲料	
農薬名	検出率 (%)	最大値 (ng /g)	検出率 (%)	最大値 (ng /g)
ジノテフラン	100	3004	100	59.00
イミダクロプリド	92	139	78	1.91
チアクロプリド	79	910	100	2.35
チアメトキサム	79	650	100	5.53
クロアチアニジン	74	233	100	2.08
アセタミプリド	67	472	78	2.01
ニテンピラム	3	54	—	—

出典　Toxicology Reports 2018-6-19

「茶」の諸外国と比べ高い日本のネオニコ系農薬残留基準値(表)

ND= 不検出

農薬名	残留基準値 (ppm)					
	日本	台湾	韓国	米国	カナダ	EU
アセタミプリド	30	2	7	50	0.1	0.05
イミダクロプリド	10	3	50	ND	0.1	0.05
クロチアニジン	50	5	0.7	70	70	0.7
ジノテフラン	25	10	7	50	0.1	0.01
チアクロプリド	30	0.05	0.05	ND	0.1	10
チアメトキサム	20	1	20	20	0.1	10
ニテンピラム	10	ND	—	ND	0.1	0.01

出典：農水省　諸外国における残留農薬基準値に関する情報・茶より抜粋

これはネオニコチノイド系農薬の使用が漁業に与える影響を明らかにした、世界で初めての研究だという。このようなネオニコチノイド系農薬の漁業への影響は日本に限らず、日本同様に田んぼが多い東南アジアなどをはじめ、世界のどこでも起こりうる。

研究グループは、水田で使用されたネオニコチノイド系農薬が川に流出し、河川や湖沼の環境に影響を与える可能性を指摘している。日本では一九九二年一一月にイミダクロプリドが農薬登録された。研究では翌年春の田植え時期から使われ始める。それと同時にエサとなる春の時期のプランクトンが八割以上激減し、同時に動物プランクトンをエサとするワカサギの漁獲高は二四〇トンから二二トンと九〇パーセント以上、ウナギは七四パーセント減少したという。

研究グループによれば、宍道湖の動物プランクトンの大部分をしめるキスイヒゲナガ（ケンミジンコは、ちょうど田植え時期に一致する一九九三年五月に激減していたことが分かったとしている。

研究グループは、宍道湖は汽水湖でありオオクチバスなどは生息できず、その影響はないとしていて、激減の原因はネオニコチノイド系農薬だとしている。

英国でも河川におけるネオニコチノイド系農薬汚染が確認されているが、今回の研究についてガーディアンは、静かな春が漁業崩壊を確認と報じている。

9. 日本でネオニコ使用増加とともに発達障害が増加

日本ではネオニコ系農薬の使用量は最近一〇年で三倍に増加しています。

これと並行するように発達障害が増加の一途をたどっています。文部科学省の調査も公表されています。（参照五七ページ）

発達障害と農薬～農薬が胎児に高率で移動

二〇一九年七月獨協医科大学・市川剛医師らの研究グループがアセタミプリドの代謝産物（DMAP）が胎児に高率で移動する可能性を示唆した世界初の報告をPLOS ONE, 二〇一九年七月一日に発表しました。

DMAPはppb（十億分の一）レベルで一般日本人集団

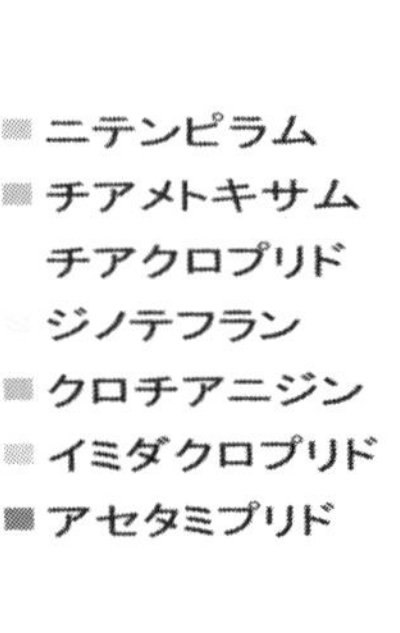

国立環境研究所データベースより作成

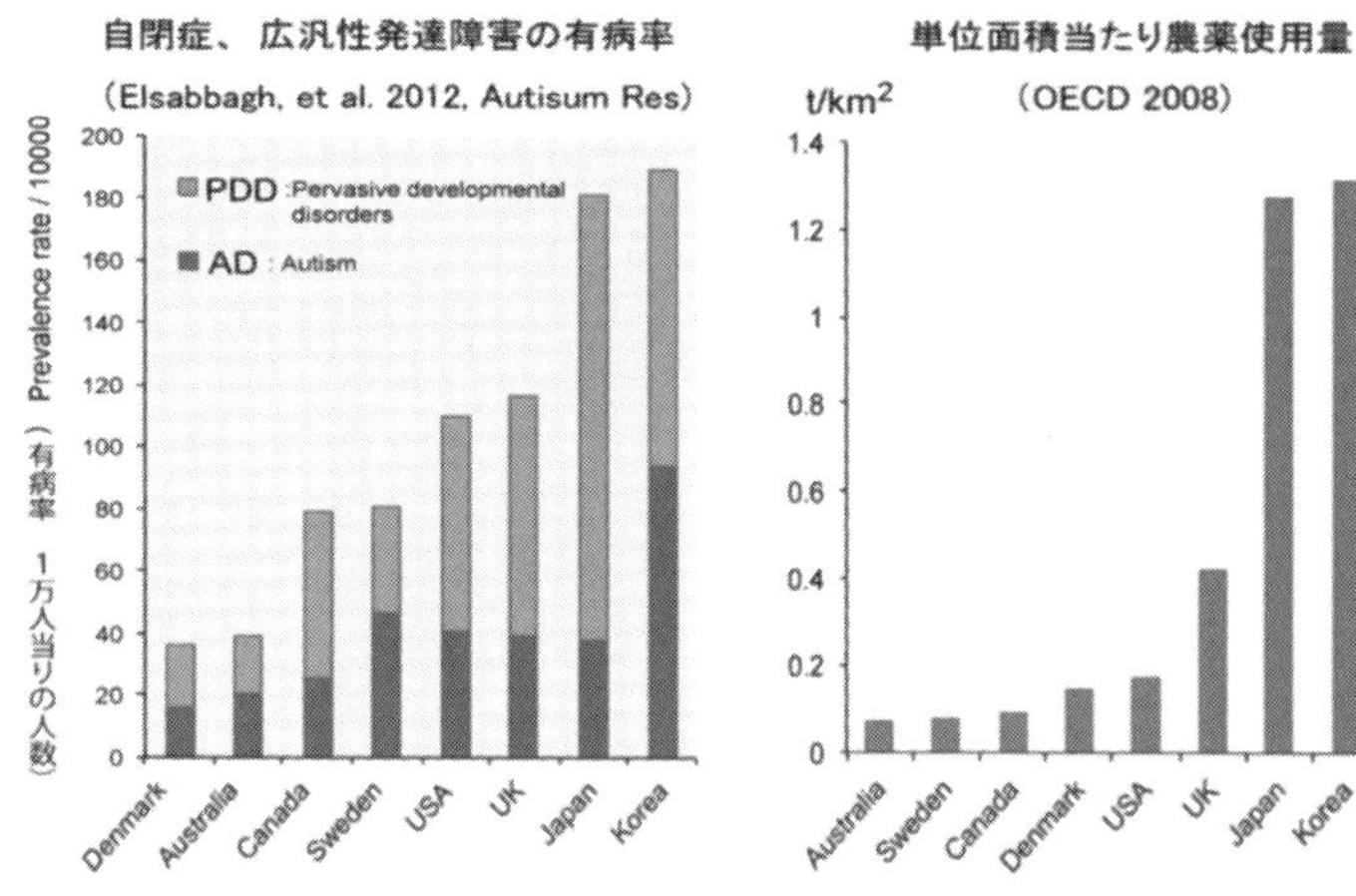

出典）黒田洋一郎、木村・黒田純子著『発達障害と発症メカニズム』

で最も頻繁に検出されるネオニコチノイド代謝産物です。DMAPは記憶喪失や指のふるえの症状を持つ患者でしばしば検出されることが最近報告されています。

この研究成果について二〇一九年六月一二日の環境化学討論会で北海道大学の池中良徳准教授や平久美子氏ら研究グループのメンバーが発表を行いました。

・日本人は胎児期からネオニコチノイドの曝露を受けていること。

・ネオニコチノイドは胎盤関門を速やかに通過して母体から胎児へ移行すること。

・その摂取源は飲食物である可能性が高いことなどが報告されました。

ネオニコチノイドは複合毒性が強い（ミツバチ実

験結果）ことがわかっています。またネオニコチノイドにある種の殺菌剤をあわせて使うと毒性が数百倍から一〇〇〇倍に増幅されるそうです。

また農薬の腸内細菌への影響が注目されるようになりました。

腸内細菌の働きが脳・精神にも影響を及ぼすことが解明されつつあります。農薬、抗生物質、抗菌剤、殺菌剤の過剰摂取が引き起こす腸内細菌の異常が注目されています。腸内細菌叢が異常になると脳や精神に悪影響が出るということです。

農薬使用量と自閉症など発達障害の有病率はリンクするとして木村・黒田純子氏が警鐘を鳴らしています（前ページのグラフ）。

10. コメでの使用

日本の場合、カメムシ斑点米防止がネオニコチノイド系（ネオニコ）農薬の使用を増やし、玄米に残留しています。

ほぼ毎日口にするコメからもネオニコ農薬を摂取させられているのは、玄米の検査規格規定の過剰に厳しい着色粒規定の等級のせいです。

千粒に一つ（〇・一パーセント）着色粒があれば一等米、三粒あれば二等米になり、等級が下がれば買い取り価格が下がります。農家は一等米を目指してカメムシ防除に励むことになります。その結果カメムシ防除で最も多く使用されるジノテフラン（商品名「スタークル」など）は玄米に残留し約六三パーセントの検出率です。

カメムシがモミに実が入りまだ柔らかい時期にその汁を吸います。そのあとが黒い斑点になります。斑点米は食べても無毒です。そして収穫量に影響は与えません。しかも色彩選別機が普及しており、この機械で斑点米を除去できるのです。流通業者は色彩選別機で除去したあと袋詰めしているので消費者は斑点米を目にすることはありません。販売されるとき等級も消えています。農水省にこの厳しすぎる着色粒規定がコメのネオニコ農薬使用の元凶になっており、規定見直しを求め続けてきました。しかし、きまって答えは「消費者が斑点米を嫌うから」と消費者のせいにします。でもその答えは通用しません。厳しい等級で等級落ちしたものを安く買うことができる流通業者は、それを色彩選別機で斑点米を除いて等級なしで流通に乗せているのです。卸業者の利益のためであり、また農薬企業の利益のためと思われます。コメのカメムシ防除は農家に農薬を使用

スタークル

させる手段になっているのです。

米の害虫ウンカはイネの茎や葉を吸汁してイネを枯らし収穫量に被害を与えますがカメムシは収穫量を減らすわけではありません。ただ米粒の見栄えを悪くするというだけです。それなのに「植物防疫法」という法律で、カメムシは有害指定動植物に指定されています。そのため、全国でカメムシの発生予察調査が行われ、警報が出されると有人ヘリや無人ヘリなどで農薬が一斉に散布されます。農薬のせいでカメムシだけでなく水田に生息する多くの生き物が姿を消しています。田んぼのヤゴを殺して赤とんぼもいなくなりました。

一九六〇年代からお米が余ってきて、高く売るためには見栄えを重視しなければと一九七四年に「農産物検査法」の規格規定に着色粒（斑点米）の規格が追加されたのです。一等米は斑点米が〇・一パーセント（一〇〇〇粒に一粒以下）、二等米は〇・三パーセント（一〇〇〇粒に三粒以下）と決められています。異物（砂や石など）の混入割合より厳しい等級付けです（八五ページの表）。しかもこの細かい等級を判定するのは目視検査であり、精度に疑問がつきます。

農家は、検査を受けないで米を自由に販売できるようになってはいます。しかし検査を受けていないと、小売で「産年」「産地」「品種」（三点表示）が表示できないのです。そのうえ「未検査米」と表示しなければなりません。そのため、米農家のほとんどは検査を受けて出荷します。検査で等級が付けられ価格が決まりますので、着色粒（斑点米）に敏感にならざるを得ないのです。

しかし、業務用米は検査を受けなくても三点表示ができます。ダブル・スタンダードです。検査を受けないと三点表示をさせないというのは、農家いじめに等しく、米農家を管理し続けたい農水省の思惑があるのではないでしょうか。

さらに輸入米（ミニマム・アクセスで輸入される食用米）の場合、等級はなく、着色粒は一パーセントまでという規定です。国内基準〇・一パーセントと比べて一〇倍も緩いのです。着色粒は一パーセントまでの規定で食用米として流通できるというのが国際的常識なのです。日本の規定もこれに合わせるべきです。このように、農産物検査法の着色粒規定は矛盾だらけなのです。

私も参加する「農産物検査法の見直しを求める会」では、農薬散布を増長する着色粒規定の見直しを農水省に再三求めてきました。しかし、農水省は「消費者が斑点米を嫌う」という流通業者の言い分を理由に、見直しに背を向けたままです。しかし、消費者がお店で買うとき、等級表

品位：水稲うるち玄米及び水稲もち玄米

項目 / 等級	最低限度		最高限度							
				被害粒、死米、着色粒、異種穀粒及び異物						
							異種穀粒			
	整粒（%）	形質	水分（%）	計（%）	死米（%）	着色粒（%）	もみ（%）	麦（%）	もみ及び麦を除いたもの（%）	異物（%）
一等	70	1等標準品	15.0	15	7	0.1	0.3	0.1	0.3	0.2
二等	60	2等標準品	15.0	20	10	0.3	0.5	0.3	0.5	0.4
三等	45	3等標準品	15.0	30	20	0.7	1.0	0.7	1.0	0.6

規格外── 一等から三等までのそれぞれの品位に適合しない玄米であって、異種穀粒及び異物を五〇%以上混入していないもの

示はなく、また斑点米も入っていません。消費者が嫌うというのは正しくありません。なぜなら、消費者は斑点米のことはまったく知らず、見たことがないからです。

流通業者は、斑点米や異物をはじき出す色彩選別機を備えていて、斑点米をはじいてから袋詰めしています。選別機で対応できるのですから、斑点米予防の農薬を散布する必要はないのです。それに消費者としては、茶碗に一粒はいっているかいないかの斑点米を気にしたりしません。それより、人体に影響を与える可能性のあるネオニコ農薬を散布しないコメを望みます。

農薬代と色彩選別機による除去費用は、ほとんど同じか農薬代のほうが高いという報告もあります。厳しすぎる着色粒の規定が農薬大量散布の原因になっているのです。農薬業界を利するだけの着色粒規定を見直すことが

求められます。

一等米と二等米では六〇キログラムで六〇〇〇円から一〇〇〇〇円の価格差がついてしまいます。斑点米が一粒多いだけでこんなに価格が下がってしまうのですから、農家はカメムシ防除に励まざるを得ません。

11．農薬販売中止を求める市民運動

米国では子どもたちのアレルギーや発達障害の異常な増加に対し、親たちが農薬販売する小売業界に販売中止を求める活動を展開しています。

ウェブ署名に取り組んだマムズ・アクロス・アメリカは二〇一九年一月小売大手コストコのグリホサート関連商品の販売中止を勝ち取りました。

また環境保護団体などが小売業界にネオニコ農薬の販売中止を要請する活動が活発で、一五年にホームセンター大手「ロウズ」が四年間でネオニコ関連商品を排除すると公表。

また一六年に家庭用農薬メーカーのスコッツ・ミラクル・グロー社が一七年までにイミダクロ

プリド、クロチアニジン、ジノテフランの取り扱い中止を公表し、一六年末、コストコは自社販売の植物についてネオニコ農薬の使用を止めさせ、有機栽培の商品取り扱いを増やしています。

日本での「脱ネオニコ」の動き

日本での脱ネオニコの動きとしては以下がまず挙げられます。

・空中散布の中止・縮小　→長野県上田市、千曲市、茨城県笠間市、香川県など
　長野県松本市長が松枯れ防止の空中散布中止を決定（二〇二〇年六月）
・有機リン、ネオニコを使用しない農作物の認定制度の創設　→群馬県渋川市など
・生協の「脱ネオニコ」への取組み　→コープ自然派、あいコープみやぎ、よつ葉生協など
・トキ、コウノトリ、ツルなどを守るための「脱ネオニコ」の取組み　→佐渡市（新潟県）、豊岡市（兵庫県）、小松島市（徳島県）など

また二〇一九年「小樽市&子どもの環境を考える親の会」がホームセンター経営企業四社へグリホサート販売中止を求めて要望書を提出。

要望書に対する企業からの回答

・DCMホーマック、LIXILビバホーム：食品安全委員会が発がん性なしとしているとして

販売継続と回答
・アマゾンジャパン：無回答
・大創産業（ダイソー）：グリホサート関連商品の生産・販売中止を約束。なお代替品として酢酸系とグルホシネートを投入と発表しました。小樽市&子どもの環境を考える親の会は、グルホシネートはグリホサートと似た毒性があることを伝えて見直しを求めるとしています。

「デトックス・プロジェクト・ジャパン」の毛髪検査の取り組み

日本に住む私たちの体にグリホサートをはじめとする農薬はどのくらい蓄積されているのか？それを測定し、可視化するため広く一般市民の毛髪を検査し、結果を公表するプロジェクト「デトックス・プロジェクト・ジャパン」が立ち上げられました。

デトックス・プロジェクト・ジャパンの予備調査で国会議員を含む被験者二八人の延べ七五パーセントの毛髪から、延べ一四種類の農薬が検出されました。中でもグリホサートとその分解物であるAMPA（アミノメチルホスホン酸）については検出率も高いうえに検出値も高かったのです。グリホサートとAMPAの検出でみると、両成分が検出された人は四人、グリホサートのみは四人、AMPAのみは一一人、不検出は九人でした。

現在市民を対象にした本調査の毛髪検査が始まっています。

12. 急がれる脱農薬社会への転換

農薬摂取の警告と有機食品に切り替えていくことの重要性を訴えていかねばと思います。子どもたちの脳神経へ深刻な影響がすでに出ています。本気で脱農薬社会へ転換しなければ取り返しがつかないところに来ているのです。

農薬禁止に踏み切るフランス

フランスではEUに先駆け全ネオニコが禁止になりました。

有機農業ニュースクリップ速報版二〇二〇・〇一・〇四によると、フランス政府は二〇一九年一二月三一日、ネオニコ系農薬のスルホキサフロルとフルピリジフロンを二〇二〇年一月一日より禁止する政令を出しました。この二つのネオニコ系農薬は、二〇一七年の裁判で販売禁止の命令が出ており、フランスでは販売されていませんでした。フランスは一八年九月、五種類のネオニコチノイド系農薬（クロチアニジン、チアメトキサム、イミダクロプリド、チアクロプリド、アセタミプリド）を禁止しました。ネオニコチノイド系農薬のジノテフランとニテンピラム、トリフルメゾピリムはＥＵでは登録されていないため、フランスは、世界で初めて全てのネオニコチノイド系農薬を禁止する国となったのです。

フランスでは、二〇一八年一〇月に国民議会で可決、成立した「農業分野における貿易関係と健康で持続可能な食料との両立に関する法律」に、「ネオニコチノイドと同じ作用機序を持つすべての製品の禁止」が規定されました。これにより、今後新たなネオニコチノイド系農薬が製品化され、ＥＵで登録されたとしても、フランスでは禁止されます。

ＥＵの市民発議

二〇一九年九月三〇日、ＥＵ委員会は、欧州農薬行動ネットワークなど七つのＮＧＯによる「蜂と農民を救え！　健康的な環境のためのハチに優しい農業に向けて」と題する市民発議を登録しました。この市民発議では、二〇三五年までに合成農薬を段階的に廃止し、生物多様性を回復し、移行期にある農業者を支援するための法律を提案するよう求めるというものです。一年間にＥＵ加盟国の市民一〇〇万人の署名によって有効となり、ＥＵ委員会と欧州議会は市民発議に対応する法的な義務を負うことになります。

この市民発議では、欧州委員会が以下のような施策を実行するように求めています。

一．最も危険な合成農薬の禁止から始めて、二〇三〇年までに合成農薬の八〇パーセントを段階的に禁止する。

二．二〇三五年までに合成農薬を全面的に禁止する。

三．農業が生物多様性回復に向かうよう、農業地帯の自然生態系を回復する。

四．以下の施策で農業を改革する。
・小規模で多様かつ持続可能な農業の優先
・アグロエコロジーと有機農法の急速な増加の支援
・農薬および遺伝子組み換え作物を使用しない農業に関する独立した農民ベースの訓練および研究

今回の市民発議は、七月三一日のＥＵ委員会への申請段階では欧州農薬行動ネットワーク（Pesticide Action Network Europe）や欧州地球の友（Friends of the Earth Europe）など七団体だったのが、その後参加団体が増え四四団体（一〇月一九日現在）となっています。

欧州委員会　二〇三〇年までの生物多様性・農業戦略を策定　有機農業を二五パーセントに（有機農業ニュースクリップ　二〇二〇・〇五・二二より転載）

欧州委員会は五月二〇日、二〇三〇年までの一〇年間の新たで意欲的な農薬削減と有機農業拡大を明記した《自然を市民の生活に取り戻そうとする包括的な》生物多様性戦略と《公正で健康的で環境に優しい食料システムを目指す》農業食料戦略「農場から食卓戦略」を採択したと発表した。この二つの戦略は、国際農薬行動ネットワーク・欧州（PAN Europe）が指摘するように、農薬使用量を一〇年で半減させるという「革命的」なもので、農薬企業や農業団体からは反対があったという。

欧州委員会は、二つの戦略の目標を、陸と海の保護を強化し、劣化した生態系を回復し、生物多様性の保護と持続可能な食物供給の構築の両面で国際舞台でのリーダーとしてのEUの地位を確立することにより、この両面で、国際舞台でのリーダーとしての地位を確立することにあるとしています。

二つの戦略は、相互に関係することから、有機農業比率や農薬削減など、一部重複する目標が設定されています。

●農場から食卓戦略の主な目標

・化学農薬のリスクと使用の五〇パーセント削減

・より危険な農薬使用の五〇パーセント削減
・土壌養分の損失五〇パーセント削減
・肥料使用量の二〇パーセント削減
・畜産と海上養殖における抗菌剤販売量の五〇パーセント削減
・有機農業を二五パーセントに拡大

●生物多様性戦略の主な目標

・保護対象となっている生息地や種のうち、好ましい状態にないものの少なくとも三〇パーセントの保全状況の改善
・劣化した生態系を回復させ、生物多様性への圧力軽減
・農地に生息する鳥類や昆虫、特に花粉媒介動物減少の食い止め
・化学農薬のリスクと使用の五〇パーセント削減
・より危険な農薬使用の五〇パーセント削減
・有機農業を二五パーセントに拡大
・肥料使用量の二〇パーセント削減
・現存する原生林の保護と、少なくとも三〇億本の木の植樹

国際有機農業運動連盟・欧州（IFOAM EU）は五月二〇日、欧州委員会の二つの戦略発表を受けて、「二〇三〇年までに欧州で二五パーセントの有機農地を達成するという目標と、プロモーションスキームやグリーン公共調達を通じた有機製品の需要を高めるための措置を歓迎する」という声明を発表しました。

代表のヤン・プラッジさんは、「有機農地のEU目標を提案することは、欧州農業のアグロエコロジーへの移行の中核に有機農業を据えた画期的な決定です。環境へのメリットが実証されている農家にとって成功した経済モデルである有機農業を、将来のEUの持続可能な食料システムの礎にすることは正しい決定です。気候危機と生物多様性の危機に対処し、農業システムをより回復力のあるものにするには、EU農業の変革が必要です。現在進行中の共通農業政策（CAP）改革の交渉の中で、それらが十分に考慮されて初めて達成可能なものとなります」とコメントしています。

国際有機農業運動連盟・欧州（IFOAM EU）によれば、二〇一八年、EUの有機農業は一三八〇万ヘクタールと、まだ七・七パーセントに過ぎず、一〇年で二五パーセントまで増加させるという目標は意欲的です。

欧州議会内会派の一つ欧州緑グループ・欧州自由連盟（Greens/EFA）は五月二〇日、欧州委員会の二つの戦略発表を受けて、「特に二〇三〇年までに土地と海域の三〇パーセントを保護し、有害な農業投入を減らすという委員会の野心を歓迎します」という声明を発表しました。

声明で同会派のグレース・オサリバン欧州議会議員（環境・公衆衛生・食品安全委員会）は、「水域、自然景観、野生生物を保護することは、地域的な市場、漁業者や農家の繁栄、動物の福祉に焦点を当てた食料供給の安定性を確保するために不可欠です。生態系の多様性は、農地や漁業の生産性を高め、長期的な保護を行うことで、生態系の崩壊を防ぎ、長期的な回復力と食料安全保障を実現することができます」と、コメントしています。

国際農薬行動ネットワーク・欧州（PAN Europe）は五月二〇日、欧州委員会の発表を受けて、「欧州委員会全体が農業を抜本的に改革する必要性を認めたという事実は、それ自体が革命である」と指摘し、「世界ミツバチの日に、生物多様性の保護と公衆衛生と環境衛生を欧州の食糧政策の最前線に位置づける欧州委員会の本日の発表を歓迎するとともに、農場から食卓戦略と生物多様性戦略の下で、欧州における化学農薬の使用を削減するための行動をとることを約束する」との声明を発表しました。

声明ではまた、欧州委員会の二つの戦略文書が「現在の食品生産システムが全く持続不可能であることを明確に認めたものである」「欧州委員会は、農薬への依存度を減らし、有機農業を増やし、生物多様性の損失を逆転させることが緊急の課題であることを認めている」と、欧州委員会の決定を評価しています。

国際農薬行動ネットワーク・欧州の環境政策担当のマーティン・ダーミンさんは、「化学農薬は生物多様性減少の主要な原因です。欧州委員会によるこの転換は、確実な実行を伴う行動によって続けられなければなりません。私たちは、五〇パーセント削減が進歩的な目標であると信じています。しかし、生物多様性を回復させるには、さらなるエネルギーが必要です。ＥＵで二〇年以内に化学農薬を使わない農業を実現するために、さらなる目標を設定すべきです」と指摘しています。

また、国際農薬行動ネットワーク・欧州のハンス・ミュイルマンさんは、「歴史上初めて、欧州委員会は、アグリビジネスの利益に反して、農場から食卓戦略と生物多様性戦略に農薬使用量の削減目標を設定し、あえて科学に耳を傾けようとしています。市民社会の戦いの数十年後、欧州委員会が、加盟国が最終的にこれらの目標を適切に実施し、ＥＵ市民と環境を保護することを確認することを願っています」と付け加えています。

一方、グリーンピース・欧州とＦｏＥ欧州は、二つの戦略へのこうした一定の「前向きな評価」とは一線を画した辛口の評価を明らかにしています。

グリーンピース・欧州は五月二〇日、農場から食卓戦略について「食肉の過剰生産と過剰消費が健康、自然、気候に与える影響を認めたが、それを減らすための行動は提案していない」と指摘する声明を発表しました。

声明では、「欧州委員会は最終的に科学を受け入れ、あまりにも多くの肉を生産し、消費することが健康を害し、自然を破壊し、気候変動を駆動していることを認識しているが、何も行動しないことを選択しています」と指摘し、ＥＵが共通農業政策（CAP）により食肉や飼料の生産に約三〇〇億ユーロを支出し、肉の消費拡大の広告を打っていると批判しています。一九日にリークされたドラフトから後退した内容になったのは、畜産業界からの圧力に屈したともしています。

ＦｏＥ・欧州は五月二〇日、「大きな飛躍ではなく、小さな一歩」と題する声明を発表。欧州委員会が初めて、食糧危機や農業危機、生態系危機に取り組むための一貫した政策を提示し、肯定的な政策が含まれているものの、まだまだ不十分だと指摘しています。

声明では、「肉や乳製品、卵の消費の削減や、遺伝子組み換え作物の規制の推進、農薬削減目標など「公正で、健康的で、環境に優しい」食品システムへの戦略の首尾一貫した具体的な法律が欠けていると指摘しています。

また、農場から食卓（Farm to Fork）戦略は、遺伝子組み換え作物の安全性への規制は弱いままであり、農薬や工業的畜産に関しては危険なほど弱いままであると、規制の脆弱さを指摘しています。「アグリビジネスの幹部は、今夜はよく眠れるでしょう」、とコメントしています。

生物多様性戦略に関しては、「生物多様性に関する取引を規制するためのアイデアが初めて盛り込まれているが、拘束力を持つものではなく、その影響は最小限にとどまる可能性が高いと考えられる」と指摘しています。また、フリードリヒ・ヴルフさんは「これは第一歩として歓迎すべきだが、工場農業や農薬を段階的に廃止し、持続可能な地元の農家によって私たちの食料が生産されることを保証するために、共通農業政策の大規模な見直しから始めるべきです」とコメントしています。

これらの団体は目標をより徹底的なものにし、またEUの共通農業政策に反映させ、法的強制力のあるものにすることや工業的大規模畜産に依存する畜産物の大量消費の問題に取り組むことを迫っています。

13. 有機の食事が農薬を体外排出

市民団体グリーンピースジャパン（二〇一六年）「一〇日間オーガニック生活でわかったこと」によれば、二家族七人に一〇日間、調味料を含む有機食材を食べてもらい、尿サンプルをドイツの研究機関で分析してもらいました。結果は子供の尿中の有機リン（殺虫剤）を九六・五ppb（一〇億分の一）から一〇・八ppbに、ピレスロイド（殺虫剤）を二・〇ppbから〇・七ppbに、グリホサート（除草剤）を一・六ppbから〇・一ppbに低減できたと報告しています。

長谷川浩氏（NPO福島県有機農業ネットワーク）らの調査（二〇一八年（一般社団法人）アクト・ビヨンド・トラスト助成調査）で有機食材を摂ると比較的短時間で体外排出できる可能性が高いことを明らかにしました。（朝日二〇一九年七月一日）

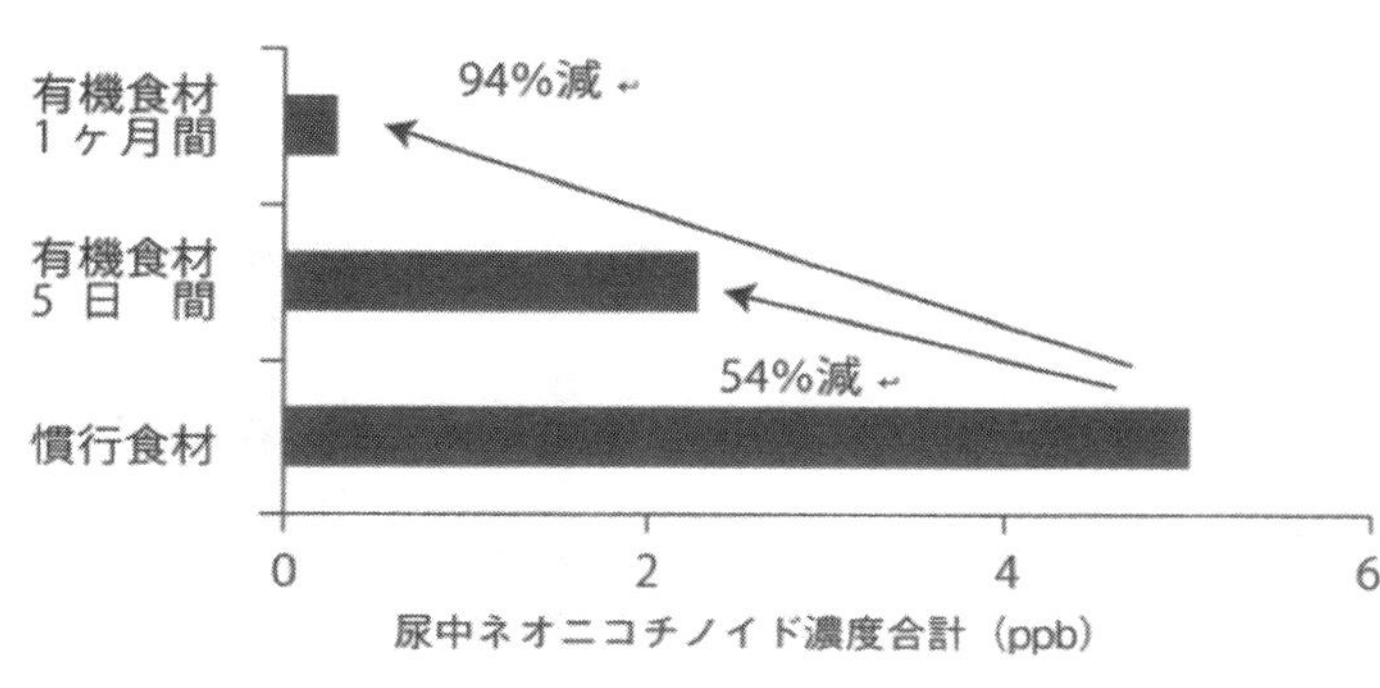

長谷川浩氏「有機食材で農薬をデトックスできる」（「土と健康」二〇一九年八・九月号から）

四三人の尿中のネオニコ農薬六種類などを測定（北海道大学池中良徳研究室が分析）

四三人　慣行食材（基本スーパーで購入した食材）　平均五ppbのネオニコ農薬を検出

このうち三一人が有機食材を五日間食べた結果　平均二・三ppb　五四パーセント減

このうち一世帯四人が有機食材一か月食べた結果　平均〇・三ppb　九四パーセント減

また二〇一九年二月Environmental Research掲載の研究「米国の子供と大人の尿中農薬レベルを大幅に削減する有機食事の介入」によると、一週間、完全にオーガニックな食事を摂るだけで、人々の農薬レベルを劇的に減らすことがわかりました。

この研究では、オークランド、ミネアポリス、アトランタ、ボルチモアの四つの多様なアメリカ人家族の尿を、通常の食事で六日間食べた後、すべて有機の食事を六日間食べさせた後に検査しました。

参加者で検出された農薬と農薬代謝物のレベルは、全有機食を六日間食べた後、平均六〇・五パーセント低下したのです。

・子供の発達中の脳に損傷を与えることが知られている神経毒性農薬クロルピリホスの六一パーセントの低下
・世界保健機関によるとヒトの発がん性物質であり神経毒性の有機リン系農薬マラチオンの九五パーセントの減少
・内分泌かく乱と自閉症スペクトラム障害との関連を含む、行動と注意の変化に関連するネオニコ系農薬クロチアニジンが八三パーセント減少
・内分泌かく乱および神経発達、免疫、生殖の有害作用に関連する農薬ピレスロイドは四三〜五七パーセントの低下
・2・4-Dが三七パーセント減少。2・4-Dは、米国で最も一般的に使用される五農薬の一つ。内分泌かく乱、甲状腺障害、パーキンソンおよび非ホジキンリンパ腫のリスク増加、発達毒性

および生殖毒性、その他の健康問題に関連
「この重要な研究は、有機の食べ物を選択することで、私たちの体から有毒な農薬をどれだけ早く取り除くことができるかを示している」と研究の共著者 Sharyle Patton は述べています。

14. 有機農業への転換を急げ

世界で急速拡大する有機農業面積ですが、日本は〇・四パーセントで頭打ちです。有機農家数は全農家の〇・五パーセントしかありません。

世界で急速に拡大する有機農業面積（二〇一六年）

イタリア　一四・五パーセント
ドイツ　七・五パーセント
フランス　五・五パーセント
韓国　一・二パーセント
日本　〇・四パーセント

使用農薬表示で有機転換促進を

農薬の使用を減らし、有機農業へ転換させるには使用農薬の表示制度を導入するのが最も近道であると私は考えています。現在ある、農薬と化学肥料を当地慣行使用の五割削減した「特別栽培農産物」の表示と同様に、使用農薬の名称、用途、使用回数を農産物に表示するのです。そうすれば、使用の実態が可視化されます。食品添加物は使用した物質の表示が義務付けられていま す。消費者は自分が口にするものになにが使われたか知る権利があります。表示されると、消費者は農薬使用のより少ないものを選ぶようになり、農薬使用のない有機農産物の需要は大きく高まるでしょう。その結果、農家も流通業者も有機農産物に取り組むことになるでしょう。有機農産物こそ、誰もが欲する、消費者ニーズなのです。

一八年六月フランス上院に果物、野菜に農薬表示をする法案が上程されました。私と同じ考えがフランスでもあったのだとうれしい思いでした。上院で承認されると新しい表示法が二〇二三年一月までに開始されるそうです。

15. 有機の学校給食を全国に

千葉県いすみ市は、「自然と共生する里づくり」の一環で有機米生産を農家に働きかけました。

当初参加した農家は三人、収穫量は〇・二四トンが一七年には二三人約五〇トンと拡大。小中学校の約二万三〇〇〇人分約四二トンを賄うことが可能になり、全市の小中学校で有機米の学校給食が実施されています。

フランスでは、「二〇二二年までに、学校給食・病院食・職員食堂など公共の集団食の食材を〝オーガニック〟または〝環境に良いという認証付きの食材〟で五〇パーセントを占める」ようにする法律が二〇一八年に成立しました。パリ市は、二〇一五年に、「二〇二〇年までに学校給食の原材料をオーガニックと持続可能な食材五〇パーセントにする」という目標を掲げています。

韓国では全羅南道や済州島などでは九〇パーセント以上がオーガニック食材で学校給食が行われています。全国平均でも五五パーセントの学校給食の食材がオーガニック農産物です。ソウル市は二〇二一年からソウル市のすべての小・中・高校で「オーガニック無償給食」を全面施行します。

地元有機農産物の学校給食利用は有機生産者の生活を安定させ、その結果、新規就農者を呼び込み、有機農業面積が増え、地域の環境を蘇らせることにつながります。なにより子どもたちの健康に寄与します。生命力ある有機食材のおいしさは子どもたちから親へ伝えられ、家庭にも有機食品が広がっていくでしょう。そして給食費が外へ出ていかないで、地域内循環するので地域の経済活性化につながります。無償化も大事です。無償化され税金が投入されると住民はよりよい品質を求めるようになります。給食費が保護者負担の場合は給食費は安く抑えられる傾向があり、結果、輸入小麦使用のパンや輸入のＧＭ大豆食品の使用につながってしまうのです。

給食は住民の健康、福祉、環境、教育に係る公共事業として取り組まれることが望まれます。自治体の意識ひとつで変えられるのです。

日本も一日も早い有機無償の学校給食の施行が求められます。そのためには各自治体が「有機・無償の学校給食条例」を制定することが有効と思います。

有機給食は脱農薬日本を実現する突破口になるでしょう。あわせて身の回りの環境で、保育園で、学校、公園、公共施設での農薬使用を止めさせましょう。

「モンサント社の履歴」

アメリカのミズーリ州に本社を持つ多国籍バイオ化学メーカー。会社最初の製品は人工甘味料サッカリンであり、コカ・コーラ社に販売。

1919年、バニリン、アセチルサリチル酸（商品名アスピリン）、サリチル酸の製造を開始。

1920年代頃から硫酸、ポリ塩化ビフェニル（PCBs）などの化学薬品の製造で業績を上げる。ＰＣＢ（商品名「アロクロール」）を独占的に製造販売した。日本では、三菱化成（現三菱化学）との合弁子会社であった三菱モンサント化成（現在は三菱樹脂へ統合）がＰＣＢ製造メーカーの一つであった。

1940年代からプラスチックや合成繊維のメーカーとしても著名となった。

1944年、他の15社と共同で、DDTの製造を開始

1970年、化学者ジョン・E・フランツが除草剤グリホサート発明後に商品名ラウンドアップとして流通。

1977年、ＰＣＢ製造中止。

1960 - 1970年代、ベトナム戦争でアメリカ軍が使用する枯葉剤エージェントオレンジを製造。モンサント社の枯葉剤にはダイオキシン類が一番多く含まれており、後に米兵の訴訟など問題となった。

1985年、G. D. サール・アンド・カンパニーを買収し、人工甘味料アスパルテーム部門として、ニュトラスウィート設立、同名商品を扱う。

1994年、遺伝子組み換え牛成長ホルモンを発表（商品名Posilac）。

後にイーライリリー・アンド・カンパニーに売却。

1997年、化学品部門を分離独立。バイオテクノロジー事業に注力するとともに種子会社買収展開。

1996年、Agracetusを買収。

1996年、DEKALBの40パーセントを買収。

ラウンドアップに耐性をもつ様々な遺伝子組み換え作物（ラウンドアップ・レディー）を育種して、セットで販売。GM大豆の輸出始まる。

1998年、カーギルの種部門を買収。

2005年、野菜・果物の種子を扱う大手種子企業Seminis Incを買収。農業用バイオテクノロジー部門を強化。

2000年、低カロリー甘味料のヨーロッパ事業部門，ニュートラスイート社とアスパルテーム社コラム　「モンサント社の履歴」

出典：フリー百科事典『ウィキペディア（Wikipedia）』より

第4章　ゲノム食品は安全か？

1. ゲノム編集食品

「ゲノム編集」は、これまでの遺伝子組み換えにとってかわる技術として医学分野や農水産物分野で急速に応用研究が進められています。遺伝子組み換えは別の生物の遺伝子を入れて、これまでにない性質を作り出すものですが、ゲノム編集は遺伝子を切断・破壊し、切断された遺伝子は働かなくなる（ノックアウト）ことで、新しい性質を生み出すという技術です。

ゲノム編集技術でＤＮＡのどの部分でも切断でき、また切断した箇所に外来遺伝子を挿入することもできます。

現在、ゲノム編集による多数の開発がなされています。ここ最近の技術革命ともいえるゲノム編集技術「CRISPR-Cas 9（クリスパー・キャス ナイン）」が登場したためです。

遺伝子組み換え技術とは比べ物にならないくらい効率良く、容易に、これまでにない形質をもたせた生物を作り出すことができるようになり、遺伝子操作技術では現在主流になっています。

クリスパー・キャス ナインはゲノム編集技術のなかでは現在一番利用されています。クリスパーは、古細菌がもつ免疫防御システムの一つです。一度感染したウイルス遺伝子の特定の塩基配列を自らのＤＮＡのなかに繰り返し鋳型として置いています。細胞内にウイルスが侵入すると、この鋳型によってウイルスを認識し、そのＤＮＡを核酸分解酵素（はさみの役）で切断してしまうのです。

ゲノム編集ではウイルス遺伝子配列の代わりに人工的に設計した標的遺伝子の鋳型を組み込んだガイドＲＮＡと、はさみ役の酵素（キャス ナイン）を細胞内に送り込みます。細胞内で複合体が形成され、ガイドＲＮＡが目的の遺伝子配列をピンポイントで見つけると、そこをキャスナインが切断し破壊するのです。その結果、新しい形質が導入されます。

生物の遺伝子は、紫外線などで傷つけられても元通りに修復されます。しかし時として修復ミスが起きます。これが自然界で起こる突然変異です。

アグロバイオ企業やその開発者らはゲノム編集は、遺伝子を切断し、その修復ミスを利用する方法なので、自然界で起きる突然変異と変わらないから規制は不要と主張しています。

米国では、農務省がゲノム編集作物はＧＭと見なさないとし規制対象外とされ流通が始まっています。

茶色に変色しないマッシュルームは、米国農務省が規制対象外とした「三〇の遺伝子組み換え植物」のひとつで、CRISPR-Cas 9技術によって開発された最初の食品です。

空気との接触によりキノコを黒ずませる原因となる酵素、ポリフェノールオキシダーゼの生成遺伝子をターゲットに欠損させて、この酵素の活性を三〇

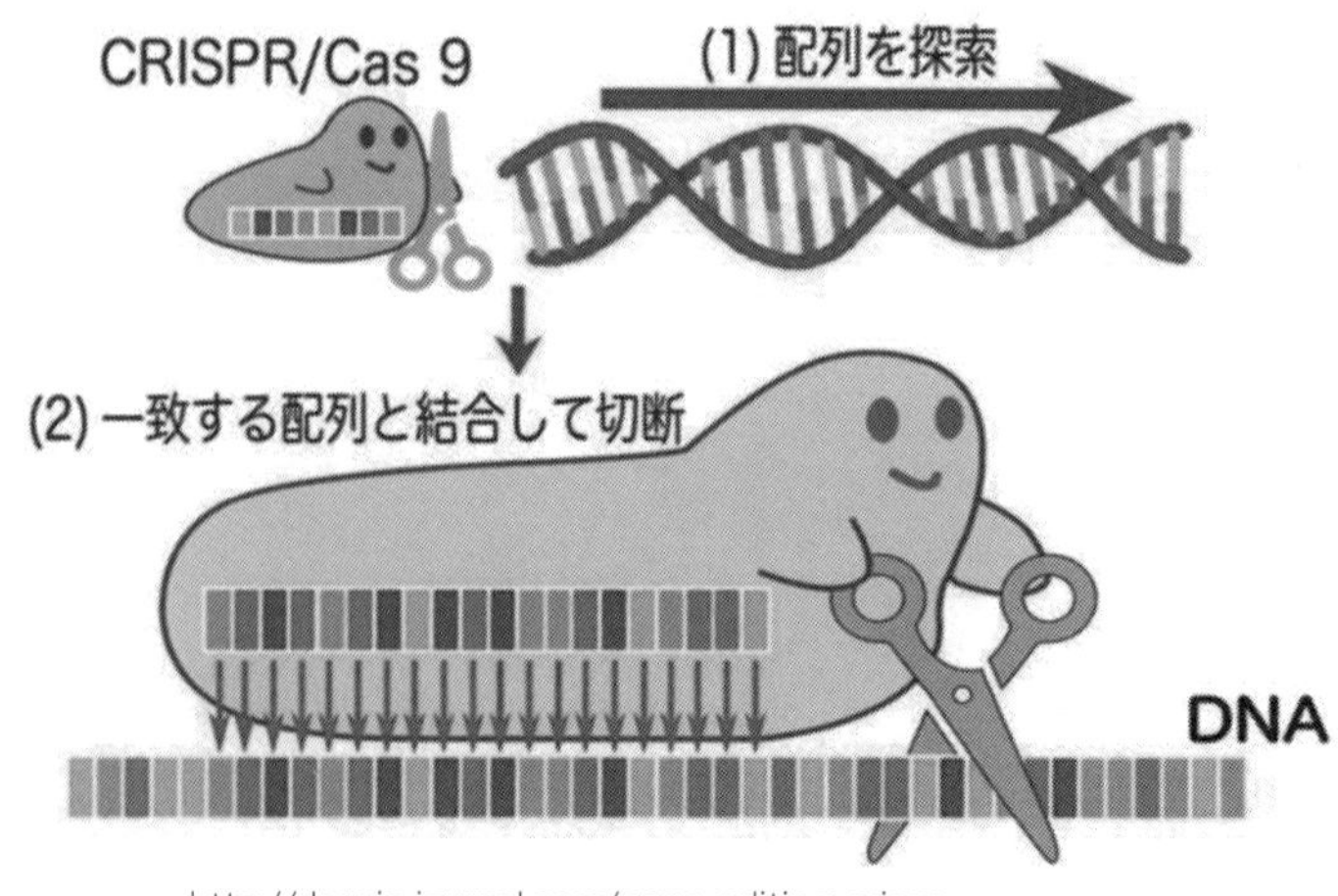

http://darwin-journal.com/gene_editing_crispr

パーセント減少させたのです。カットして出荷されたあともずっと黒ずまないとされています。置いておくと茶色に変色するのは空気にさらされるとポリフェノールが生成し、表面を酸化させることで内部の酸化を防いでいるのです。この黒ずまないマッシュルームは古くなったことがわからないのです。鮮度を見分けるのが困難になり消費者に不利益をもたらします。

動物には筋肉を発達させる遺伝子と発達を抑制する遺伝子があり、両方が働いてバランスをとり、その生物の姿・形を守っています。

ベルジャン・ブルー牛と呼ばれるベルギーで生まれた異常に筋肉がついた奇形の牛は筋肉抑制遺伝子のミオスタチン遺伝子が欠損していることがわかりました。これがヒントになってゲノム編集でミオスタチン遺伝子を破壊し筋肉もりもりの魚や動物を作り出しています。

ミオスタチン遺伝子破壊で筋肉もりもりの豚、牛、鯛などが開発されています。通常より一・五倍から二倍ほど多く肉がつき、成長が早いのです。

逆に成長ホルモンの受容体遺伝子を破壊すると成長が抑制されます。中国では大きくならないマイクロ豚がペット用に販売されています。

マイクロ豚

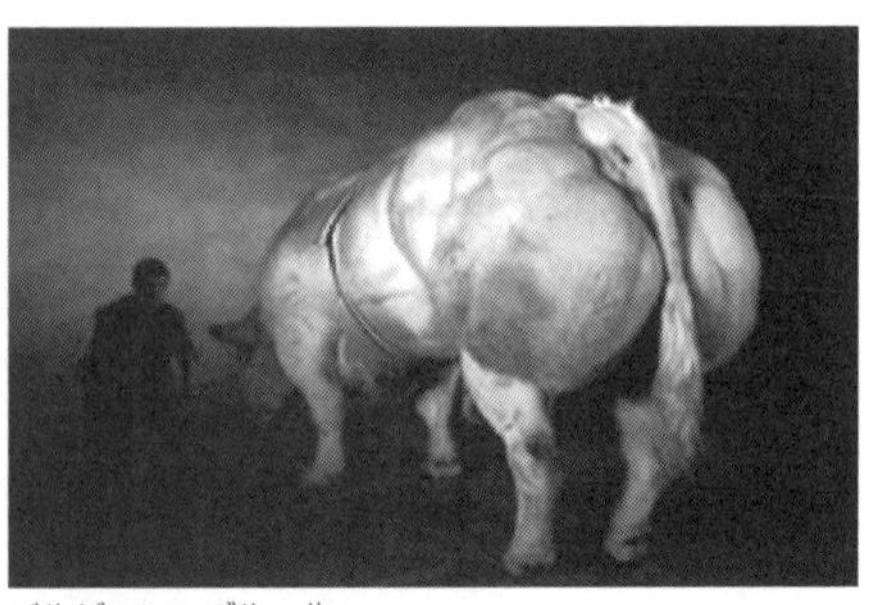

ベルジャン・ブルー牛

このほか、さまざまな生物がゲノム編集で開発中です。

日本で開発中の、高成長トラフグ（京大）は満腹を感じる遺伝子

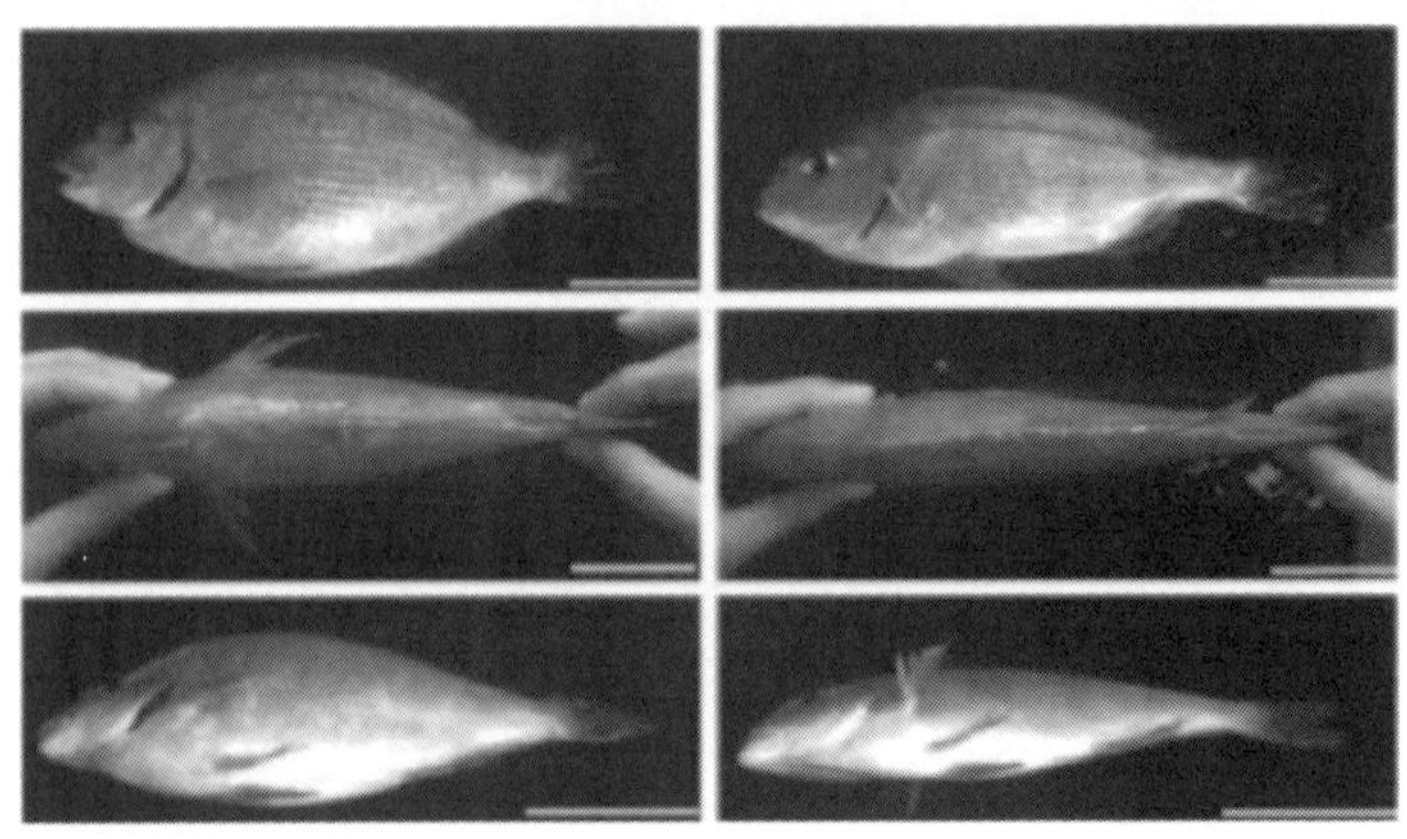

左がゲノム編集で作り出したミオスタチン遺伝子欠損のマダイ

を破壊。食べ続けるので早く成長するのです。二年数か月で出荷サイズになるのが一年で出荷できるとしています。

また低アレルゲン卵を産むニワトリ（産総研）が開発されています。卵のアレルギー物質オボムコイドの遺伝子配列を破壊したのです。オボムコイドは精子や卵子の元になる細胞（始原生殖細胞）の遺伝子です。

日本経済新聞電子版　2019/1/17　ＧＡＢＡ多量含有トマト（筑波大学の江面浩教授提供）

その他、筑波大学発ベンチャーのＧＡＢＡ（ストレス緩和、血圧上昇を抑える物質）を一五倍増やしたトマトや、ソラニン（神経に作用するアルカロイド毒性）の極めて少ないジャガイモ（大阪大学）などが開発中です。

これらゲノム編集生物は自然の突然変異と同じと簡単に言ってよいのでしょうか。ベルジャン・ブルー牛は人工繁殖で肉として利用されているそうですが、その筋肉量が自然の分娩を困難にして、帝王切開でしか仔を産めません。自然界では子孫を残せず淘汰される奇形種なのです。ゲノム編集され本来持っている遺伝子を破壊されたり、別の遺伝子を挿入されたりした生物は生命体として負荷を負わされていると言えます。環境のなかでどのような影響があるのかはまったく調べられていません。ゲノム編集はもっぱら開発先行で、安全性の問題はまだほとんど調べられていません。それに遺伝子改変がもたらす有害な影響を予測することが困難なのです。

2. オフターゲットの問題

ゲノム編集技術は「一〇〇パーセント正確ではない」ため、標的部位と類似の標的外の部位でDNAを切断する「オフターゲット変異」が避けられません。わずか二〇塩基程度の類似塩基配列はたくさんあるのです。想定外の遺伝子が壊されて、生命が持つ恒常性（制御システム）が失われる危険性が指摘されています。

二〇一七年、米国コロンビア大学などの研究で、コンピュータ・シミュレーションで予想された箇所以外で変異が起きていました。マウスの失明に関わる遺伝子をCRISPR-Cas 9で操作し、うまくできたはずでした。しかし、一五〇〇以上のヌクレオチド（核酸を構成する構造単位）の変異と、一〇〇以上のより大規模なゲノムの削除と挿入が起きていたのです。コンピュータの予測では見つからないものだったのです。

研究チームは、すべてのゲノムを比較して予期せぬ変異が起きていないかを確認する必要があるとしています。

二〇一八年七月、科学誌『ネイチャー・バイオテクノロジー』に発表された英国ウェルカムサンガー研究所の研究チームの論文は、「CRISPR-Cas 9」を使ったゲノム編集では、標的以外のDNAの塩基配列の周辺で、数千基分の配列が消えてしまったり、別の塩基配列が組み込まれたりしていたことを解明しています。CRISPRが予想外の作用をもたらすのです。この研究チームもまた、「編集された遺伝子を徹底して調べるべきだ」と警鐘を鳴らしています。

なお、標的遺伝子をゲノム編集で破壊した場合、それが他のたんぱく質にも使われていれば他のたんぱく質も破壊することになります。想定外の遺伝子が消されたりすると予想外の毒性やアレルギーを引き起こすおそれがあるのです。これは食品安全への影響の可能性があります。

また近年、遺伝子の研究が飛躍的に進み、生体内では遺伝子が単独で機能しているのではなく、広範囲のネットワーキングのなかで機能していることが明らかになっています。一つの遺伝子の機能を破壊することは、遺伝子ネットワーキング全体を攪乱することになり、生命体の持つ恒常性の破壊が懸念されているのです。

3. オンターゲットの問題

CRISPRに関するもう一つの問題としてターゲット上の意図しない影響があります。細胞のDNA修復プロセスにおいて意図しない欠損、挿入、置換などが起こり得るのです。人が、これを防ぐことはできないし、管理することはできないのです。標的配列の改変過程においては一〇〇パーセントの改変効率ではないのです。注意深いスクリーニングが必要なのです。

GM Watch 二〇一九年七月九日で、King's College London の分子遺伝学者 Michael Antoniou 博士は「遺伝子編集ツールはまだ完璧には程遠いということです。研究によると、それらは主張されているほど正確ではなく、またその結果も予測可能ではないのです。それらは、「標的外」の部位だけでなく、意図された遺伝子編集部位においても、多くの意図しない効果を生み出します。遺伝子編集ツールがそのタスクを終了した後、編集プロセスが細胞のDNA修復機構のなすがままになっているとき、多くの意図しない効果が発生します」。その結果「それらは新たな毒素やアレルゲンを生成したり、野生生物に悪影響を及ぼす可能性があるのです」と指摘しています。ゲノム編集生物は、ごくまれに起こる自然の突然変異と同じではないのです。ゲノム編集は、自然では起こりえないほどの頻度で、また同時に複数の遺伝子に変異を引き起こすことができるからです。自然には滅多に生じない遺伝子変異（機能喪失のみならず、機能獲得の変異も）をもった作物はいわば奇形種と言え、それを食品として食べ続けてよいのかとも思います。

自然には滅多に生じない遺伝子変異をもった作物を、短期間に次々と開発できるため、これら作物の大規模耕作が環境全体に与える影響を予測することが極めて困難です。自然界では突然変異種は淘汰される場合が多いのですが、ゲノム編集では、そのような生物を増やしてしまい、近縁種と交雑して環境に重大な影響を与える恐れもあります。遺伝子改変による他の遺伝子への影響や世代を超えて影響を残す恐れもあります。

いったん環境に放出されると花粉や種子などで自己増殖するので元にもどすことは不可能になります。

ゲノム編集は、医療への応用も期待されていますが、「CRISPR-Cas 9」が医療現場で利用され、想定外の多くの遺伝子に変異がもたらされれば、重大な疾病が発症しかねないと指摘されています。誤ってがんの発症を抑える遺伝子の機能が失われれば、がんになりやすくなる恐れが強まります。

二〇一八年、中国の研究者、賀建奎（He Jiankui）氏が、夫がエイズウイルスに感染した夫婦を募集し、CRISPRを使った遺伝子編集でCCR 5遺伝子の変異体「CCR 5デルタ32」を受精卵の段階で双子の女児の染色体に挿入し、エイズウイルスに耐性をもつ双子が誕生したと発表しました。医師らの間で激しい論争が巻き起こり、中国政府が遺伝子編集実験の中止を命じる事態に発展しました。

二〇一九年六月五日AFPによると、米カリフォルニア大学バークレー校などの研究チームが同様のCCR 5に先天的に変異がある人はそうでない人より寿命が短いとする研究結果を、医学誌Nature Medicineに発表しました。

研究チームは英国の四〇万九〇〇〇人の健康データを調査し、変異のある人（自然界では一％程度）が七六歳未満で亡くなる可能性は、ない人に比べて二一パーセント高いこと、また、変異のある人はHIV感染よりずっと一般的な疾患、とりわけインフルエンザで亡くなる可能性が著しく高いことも判明したのです。

二〇一九年末、中国政府は、この研究者に懲役三年、罰金三〇〇万元（約四七〇〇万円）の判決を言い渡しています。

実験動物のように生まれさせられた子どもたちは観察の対象とされ、短命におびえながら生きざるを得ないでしょう。取り返しのつかないことをした研究者の罪深さに暗澹となります。

ゲノム編集はＲＮＡ操作技術と云えます。米国の科学者ジョナサン・レイサムは、ＲＮＡはＤＮＡに比べてはるかに複雑なシステムを持ち、いまだそれを理解する手段を持ち合わせていないと述べ、その応用の拡大に警告を発しています。

ゲノム編集はそのプロセスの不確実性を明確に認識し、厳格に規制されなければならないのです。

4. ゲノム編集は遺伝子組み換え（GM）

植物のゲノム編集の場合

ＣＲＩＳＰＥＲ-ＣａｓのCas 9酵素は細菌由来です。ほかに、ＺＦＮ、ＴＡＬＥＮなどのゲノム編集技術がありますが、どれも主な導入方法はＧＭ同様に導入に植物細胞に侵入できる土壌菌アグロバクテリウム由来のプラスミド（核外にある環状ＤＮＡ）を利用しています。またゲノム編集ができた細胞を選別するためのマーカー（目印）遺伝子としてクラゲの発光タンパクを作るＧＦＰ遺伝子や細菌の抗生物質耐性遺伝子も入ります。つまりＧＭと同じです。これらを戻し交配で除去できると開発者はいうのですが、親植物との戻し交配で除去するには手間と長い時間がかかるのです。実際応用化されたものは一部しか戻し交配はされていません。

ＧＭの歴史は二〇年程度とまだ浅く、ゲノム編集はさらに新しいバイオテクノロジーで、リスクはまだ定まっていません。ゲノム編集はいまだ統一された評価法もないのです。動物に食べさせての安全性試験はされていません。

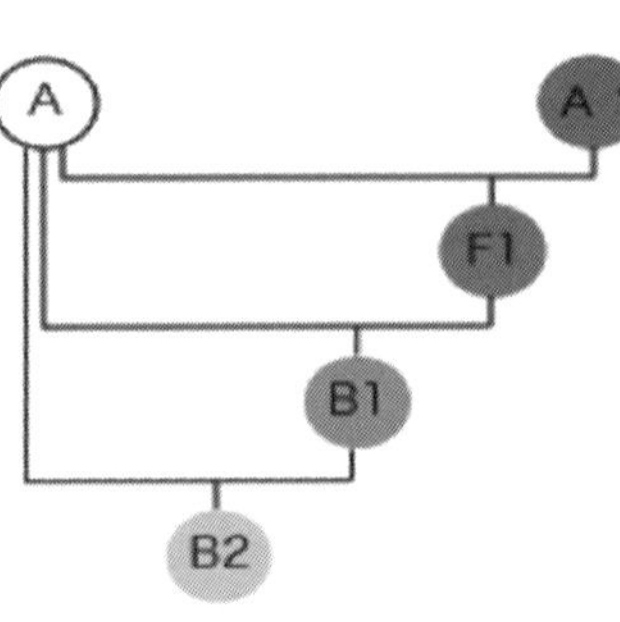

図　戻し交配

動物のゲノム編集の場合

動物の場合、受精卵でゲノム編集を行います。その場合受精卵の分割過程で「モザイク」のリスクがあることが知られています。モザイクとはゲノム編集した細胞と通常細胞が入り乱れることです。モザイクとなった場合、すべての子孫または子孫のすべての細胞で望ましい特性が正常に発現されなくなります。医療では疾患発症阻止に失敗する恐れがあります。

またゲノム編集された家畜への潜在的な害として動物に苦痛を引き起こす状況があります。動物福祉（動物が受ける痛みや苦しみを最小限にして快適性に配慮した飼育管理）の観点からもゲノム編集は問われ、生命倫理に触れる問題があります。また生殖系への遺伝的改変であるため、全生涯、数世代にわたりフォローアップが必要です。

5. ゲノム編集の角のない牛に抗生物質耐性遺伝子が存在

二〇一九年七月二八日、米国食品医薬品局（ＦＤＡ）の研究グループは、二〇一六年に作出が発表された、米国 Recombinetics Inc. のタレン（TALEN）技術を使ったゲノム編集による角のない乳牛に、ゲノム編集に使ったプラスミド（細菌の環状ＤＮＡ）由来の遺伝子の組み込みを見つけた、と専門誌に発表しました。

細菌由来のさまざまな遺伝子配列とともに、二つの抗生物質耐性遺伝子（カナマイシン耐性遺伝子とアンピシリン耐性遺伝子）が見つかったのです。

角のない乳牛の子牛（Independent Science News, 2019-8-12）

このゲノム編集の角がない牛はオフターゲットはなかったとされ、ゲノム編集技術の模範として提示されてきました。この開発は、ネイチャー・バイオテクノロジー・ジャーナルで報告され（Carlson et al 二〇一六）、その中でRecombineticsの研究者カールソンは、遺伝子編集の結果、標的外のDNAの挿入または削除などの変化は検出されず、オフターゲットは起きないと結論付けたのです。彼の主張は、他の正確性の主張とともに、遺伝子編集で生産された動植物は監視する必要がないとの主張を支え、バイオテクノロジー業界が主導する世界的議論の主要な論拠となったのでした。

MIT Technology Review 二〇一九-八-二九は、ゲノム編集は、その推進派が言うほど予測可能でも信頼できるものではなく、誰も気づかずに重大な予期しない変更を導入する可能性があるとして、「場当たりエンジニアリング」と酷評しています。

また Independent Science News　二〇一九‐八‐一二は次のように指摘しています。

「過去に他の研究者は標準的な実験手順の一部として、望ましくない細菌プラスミドＤＮＡなどの潜在的な汚染ＤＮＡを厳密に除外するよう遺伝子工学者に求めてきた（Wilson et al　二〇〇六）。しかし Recombinetics は明らかにこれに失敗した。そして抗生物質耐性遺伝子の存在は、抗生物質耐性遺伝子の広がりというバイオセーフティの問題を提起する。ゲノム編集された牛のすべての細胞に耐性遺伝子が含まれるため、それらを細菌に簡単に移すことができるからだ。ＦＤＡの研究者による子牛のゲノム中の細菌ＤＮＡの発見は、規制は不要とする議論に対する大きな打撃となり得る。ゲノム編集された生物をＧＭＯとして規制するというＥＵのアプローチの強力な証明でもある」

二〇一〇年から二〇一五年の間に三〇〇を超える遺伝子編集された豚、牛、ヒツジ、およびヤギが生産されています。遺伝子編集動物を作出するのに数千の胚移植が必要です。哺乳類の遺伝子編集のほとんどはクローニングの使用に依存しています。遺伝子編集動物を再現し、クローン作成プロセスに関与する代理母のかなりの割合に健康への影響を含む深刻な動物福祉の影響をもたらします。これには、出産、奇形、早期死亡など多数の妊娠失敗が含まれます。

二〇一九年一〇月、米国食品医薬品局（ＦＤＡ）がゲノム編集動物を規制するガイドラインの草案を発表しました。ＧＭ動物の商業的認可の前に、ＦＤＡはゲノム編集を含むあらゆる遺伝子改変について、健康または環境リスクをもたらさないこと、その他の安全性に関する質問に適切に対処されていることを求めています。ＧＭ動物の意図的に変更されたＤＮＡ配列の名前と機能、およびゲノム内のこれらの変更の数と場所、オフターゲットの意図しない影響を探して説明すること、子孫を生産する方法を申請に含めること、組成の違いが「毒物学的懸念の理由を示唆する」可能性があるかどうかを評価すること、そして環境に対するＧＭ動物の潜在的なリスクの評価などが申請者に求められることになります。そして市販後のモニタリングが必要になります。

米国ＦＤＡはゲノム編集動物を予防原則で規制するつもりです。ゲノム編集作物を規制しない方針の農務省とは対応が分かれます。

ところで、肉牛と乳牛の飼育において、牛同士の保護と飼育者の安全のために除角が行われますが、子牛に苦痛を与えます。それで動物愛護の観点から除角に変えて肉牛では交雑で無角牛が増やされています。乳牛も交雑によって無角牛を作ることが可能です。ただし乳量を維持しながら選抜、交雑を行わねばならないとして進んでいません。現在の乳牛は改良され多量の乳量を出すため体への負荷は大きいのです。より自然に近い乳量でよしとするなら交雑で無角の乳牛を生み出せるのです。

Recombineticsは、交雑にかかる時間を短縮できるとして自社が特許を所有するTALENと呼ばれるゲノム編集技術の成果をアピールしたのです。しかし、生命である家畜に工業製品のように効率化を求めて改良し続けることに疑念を持たざるを得ません。私たちは自然の在り方を尊重し健康で幸福な家畜とともにありたいと思うのです。

6. 安全を確認できない限りゲノム編集は認められない

EUでは、ゲノム編集で食品を開発する企業は、操作の痕跡が残らないので、規制不要を主張し、市民側は遺伝子組み換えとして規制すべきと対立していました。

二〇一五年、国際有機農業運動連盟のEUグループが、ゲノム編集を含むすべての新たなバイオテクノロジーに対して、予防原則にもとづいて、リスク評価、表示、トレーサビリティの実施を要請。変異からもたらされる結果は、生物体そのものだけでなく、生態系にも不確実性をもたらす可能性があること、従来の育種とは変化の速度が大きく異なるため、生態系への影響が懸念されると指摘しました。

そして、フランスのＮＰＯが欧州司法裁判所に訴えて、二〇一八年七月、欧州司法裁判所はゲノム編集すべてにＧＭ同様の規制を適用すべきと裁定したのです。ゲノム編集作物は、従来の遺伝子組み換え作物と同様の「環境影響と食品安全評価と追跡可能性（トレーサビリティ）、表示」が必要とされたのです。

ＮＧＯや市民はこの裁定を歓迎し、「トレーサビリティを補完する検出方法を開発し、新技術による作物を確実に分離し、欧州の有機や遺伝子組み換え不使用食品、飼料生産への汚染を防ぐよう直ちに動くべきだ」と発表しています。

また、グリーンピース・インターナショナルは、北米で栽培されているゲノム編集の除草剤耐性ナタネについて、欧州委員会に対し、ＥＵの遺伝子組み換え要件を満たさない限りＥＵへの輸入や栽培を認めないよう求めています。

ニュージーランドは環境省が当初、ゲノム編集を規制対象外にしました。これに対し、ＮＰＯが環境省を相手に訴訟を起こし国が敗訴したため「あらゆるゲノム編集を規制対象にする」という規制の改正が行われたのです。

一方、米国農務省は一八年三月、「ゲノム編集技術による新規作物を規制しない」とする長官声明を発表し、次々と応用化が進んでいます。

日本では応用化はまだですが魚や作物でさまざまな研究が進んでいます。ゲノム編集によるジャガイモの屋外栽培試験が弘前大学で始まり、農研機構も収量増加を狙ったイネの隔離圃場での試験栽培を実施しています。環境省は、一八年八月より「ゲノム編集技術等検討会」をスタートさせ、遺伝子の機能を失わせる「ノックアウト」の技術は規制しないという米国と同様の方針を示しました。

先に紹介したＥＵの動きは、ゲノム編集に力を入れてきたアグロバイオ企業がヨーロッパから去ることを決定的にしました。ＥＵは遺伝子組み換え食品（ＧＭ）に厳しい規制をかけているので、彼らはゲノム編集食品なら普通食品として流通させられるともくろんでいたのです。彼らの目論見は失敗しました。モンサント社を買収したドイツに本部を置くバイエル社やドイツの総合化学メーカーのＢＡＳＦ、中国のケムチャイナが所有しスイスに拠点を置くシンジェンタは、ヨーロッパのゲノム編集市場から撤退し、他の場所で植物のゲノム編集を開発するとしています。

彼らはどこへ行くのでしょうか。ＥＵを離脱してＥＵ規制の外に出た英国やゲノム編集が規制されない米国がその最適国でしょう。米国で生産、販売し、米国に倣って規制しない日本に輸出するというルートが見えてきそうです。

7. 検出困難だから表示不要の論

開発者側は、一塩基単位に近い改変が可能であるため改変されているにも関わらず、改変の痕跡が残りにくいので検出が困難だから表示は不要と主張します。日本の消費者庁は同じように言って表示不要を決めています。

まず「使用しても検出できないものは認めてはならない」というのが食品安全規制の原則です。そのうえでゲノム編集作物のＤＮＡ全体の変化を調べることは現在十分可能なのです。

ひと昔前までなら例えばヒト一人分のゲノムを調べるのに一〇数年かかり、費用も数千億円かかっていました。それで開発側はゲノム全体を調べるのは非現実的と一蹴してきたのです。しかし現在では（ヒトゲノムの場合）解読に必要な期間はわずか一日、費用も一〇万円ほどと様変わりしていて十分現実的なのです。

ＥＵでは全ゲノム解析が十分可能で、その手法が二〇一一年公式に認められています。

GM Watch 二〇一九年一月二日の記事「専門家は同意する：新しいＧＭＯは検出できる」によればフランス国立農業研究所の研究部長イブ・ベルソーによるゲノム編集食品の検出方法に関する論文では、全ゲノム解析のほとんどは従来のＧＭ検出手法を使用して可能であるとしています。また解析会社は、広く使用されているPCR検出テストと同等のコスト、すなわち一〇〇〜二五〇ユーロで全ゲノム解析を提供できると発表。ベルソー博士の結論は、ＥＵ委員会の科学サービスである共同研究センター（JRC）の報告によっても裏付けられＧＭＯに関する十分な情報が開発会社から提供されていれば、特定のＧＭＯの検出は実行可能であると結論づけています。

8. ゲノム編集は大企業向けの特許カルテル

遺伝子工学の新しい方法であるゲノム編集は以前の技術よりも安価であり、したがって小規模企業で使用できるという議論がありますが、CRISPR - Cas 9 などのツールとそれから派生した動植物を使用するプロセスはすべて特許が取得されています。

植物育種におけるゲノム編集の国際特許出願（WIPOに提出）の数に関して、ダウ・デュポン（デュポンとダウ・ケミカルは二〇一七年九月、ダウ・デュポン（DowDuPont, Inc.）として経営統合）は現在約六〇の申請でリードしています。バイエル／モンサントは約三〇件の申請を提出し、ゲノム編集から派生した最初の大豆を販売したい米国企業カリクスト社は二〇件以上の申請を提出。さらなる特許出願はシンジェンタとBASFから保留中であり、いくつかの出願はRijk ZwaanやKWSなどの伝統的なブリーダーによって提出されています。動物のゲノム編集では英国の会社GENUSが特許出願への投資を開始しています。

出典：Testbiotech　https://www.testbiotech.org/en/news/patent-cartel-large-companies
https://GM watch.org/en/news/latest-news/ 一九〇九五

遺伝子組み換え作物についても基本特許はすべてモンサントなど巨大アグロバイオ企業が押さえています。他の企業が応用化する場合、高額の基本特許料を払わなければなりません。そうすると市場性のない高額商品にならざるを得ず、現実、応用化は困難でした。それで日本政府は得意のコメで、コメの全ゲノム地図の解析を完了し、今は有用な機能を持つ遺伝子を特定する研究を農水省の研究機関や国立大学で進めています。コメの有用遺伝子で特許を取得し、アグロバイオ企業が持つ基本特許とのクロスライセンスができれば晴れて応用化ができると踏んでいるからです。しかし、消費者が食べたいとは思わない遺伝子組み換えを開発することに意義はありません。消費者を置き去りにした開発という意味ではゲノム編集も同様であり、税金を使うべきではないのです。また技術の基本特許はすでに押さえられていることからも同じ轍を踏むのは愚かなことではないでしょうか。

9．トランプ大統領がＧＭ市場拡大のための戦略策定を命令

二〇一九年六月、トランプ大統領は大統領令「農業バイオテクノロジー製品の規制枠組みの近代化」に署名しました。一二〇日以内に「不当な貿易障壁を取り除き、農業バイオテクノロジー製品の市場を拡大するための国際戦略を策定」するというものです。

〈大統領令の概略〉

・農業バイオテクノロジーを科学教育に統合する教材の開発、食品医薬品局は農務省と協力して農業バイオテクノロジーとそれから派生した食品や動物飼料の成分について公教育を行う

・貿易相手国に科学に基づく規制アプローチの採用を促し、農業バイオテクノロジー製品の貿易を促進する

・ゲノム編集作物製品について、国内各機関は規制や指針を見直し、障壁を取り除くための措置を講じる

・国際貿易戦略として、この命令の日から一二〇日以内に、米国通商代表部は、不当な貿易障壁を取り除き、農業バイオテクノロジー製品の市場を拡大するための国際戦略を策定する

二〇一八年欧州司法裁判所がゲノム編集農産物にＧＭＯ規制を適用する判断を示し、ＥＵはじめニュージーランド、ドイツはゲノム編集食品をＧＭＯとして規制することを決めました。ゲノム編集農作物を普通作物として販売を狙っていた多国籍アグロバイオ企業は欧州からの撤退を余儀なくされ、その危機感が時間を切っての切迫した大統領令の背景にあります。

10．日本の「統合イノベーション戦略」

二〇一八年三月、米国農務省がゲノム編集食品の栽培を規制しない方針を発表しました。この発表に続いて、二〇一八年六月、日本は「統合イノベーション戦略」を閣議決定し、安倍総理はゲノム編集を中心とするバイオ技術を迅速に推進するとし、「この技術を成長戦略のど真ん中に位置づけ、大胆な政策を迅速かつ確実に実行に移して下さい」と述べました。

厚労省や消費者庁はゲノム編集食品の規制や表示に関する審議会を設け、規制緩和の方向を打ち出していました。

こうした背景のもと、二〇一九年六月の米大統領令による差し迫ったゲノム編集食品の輸出に対応するため、厚労省は二〇一九年一〇月からゲノム編集食品を安全性審査なしの任意の届け出だけで販売できる制度を拙速にスタートさせました。続いて消費者庁も表示不要を発表したのです。

一番乗りはダウ・デュポンから分離した米コルテバのゲノム編集トウモロコシではないかと報道されています。早ければ二〇二一年にも輸入されるとか。これはゲノム編集で、でんぷんを増やすように組成を変えたもので、主に菓子やドレッシングに使うコーンスターチになります。

米国ではゲノム編集作物がぞくぞくと流通が始まっています。

二〇一九年二月からカリクスト社のゲノム編集大豆製品が流通しています。「高オレイン酸大豆油 Calyno」です。

またカナダおよび米国でサイバス社のスルホニル尿素（スルホニルウレア）除草剤耐性キャノーラ（ナタネ）種子が農家向けに販売中です。これはラウンドアップ耐性のGM大豆と輪作で使え、ラウンドアップ耐性雑草を防除できるという触れ込みです。

米国のこれらゲノム編集農作物は無規制の日本市場をターゲットに輸出されるのではないでしょうか。

11. ゲノム編集農作物をオーガニックに？

さらにとんでもないのは、米国のアイバッハ農務次官が下院農業小委員会においてオーガニック（有機）にゲノム編集を認める可能性に言及したのです。現在、米国でも国際的にも有機基準では遺伝子工学および遺伝子操作生物（GMO）の使用は禁止です。アイバッハ農務次官の発言はトランプ政権のスタンスに沿うものです。米国では有機食品市場が急拡大していますが、理由の一つは、消費者が遺伝子組み換え食品の安全性に不安を抱いているためです。アイバッハ次官の発言は、消費者団体の猛反発を招いています。

こうした米国の情勢を受けて日本の農水省はゲノム編集を「有機JAS」で、どう扱うか検討を始めました。二〇一九年九月三〇日に「検討会」が開かれ、これに参加した日本有機農業研究会によれば、会議は「認めない」方向でまとまりましたが、油断はできません。

カリクスト社の高オレイン酸大豆油の表示／2019年9月24日・ＮＨＫクローズアップ現代プラス「解禁！ゲノム編集食品　食卓への影響は？」より

米国ではゲノム編集食品はＮＯＮ―ＧＭＯ（非遺伝子組み換え）として宣伝販売されています。米国で、もしも、これらの中で有機認証されるものが出た場合、日本の有機基準と同等と判断されれば有機JAS表示で流通することになります。日本の有機基準ではゲノム編集は認めないとの結論が強く求められます。

ゲノム編集を含む遺伝子操作は生物の遺伝子がもつ恒常性を破壊する技術です。その生物に備わった姿形や生命維持、繁殖など深遠で複雑な生命活動に、人間の都合で介入することは生命活動のかく乱でしかありません。政府が今なすべきことは開発推進ではなく、技術の暴走を食い止める仕組みを作ることです。日本はＥＵ同様に、予防原則に立ち、安全規制をかけることです。

また農薬もそっくり同じ構図と言えます。ＥＵではネオニコチノイド系殺虫剤や除草剤グリホサートの禁止が大勢となっています。

多国籍農薬企業は脱農薬に向かうＥＵ市場に将来はないため、日本に販路を見出しています。日本はネオニコ系農薬も除草剤グリホサートも残留基準を緩和しまくっています。企業が一番活躍できる国にするという安倍首相の言葉どおり、農薬企業の天国なのです。攻めの農業で茶や果物などを輸出すると農水省はいいますが、高い残留農薬基準のゆえに拒否され輸出は困難です。農薬と発達障害増大の関連が指摘され、日本の農薬汚染はまったなしの状況にあります。

米国のアグリビジネスの利益のために国民のいのちを差し出す対米隷属を止め、農薬やＧＭ技術を禁止している有機農業への転換を急がねば日本に展望はありません。

食卓にゲノム編集食品も遺伝子組み換え食品もいりません。有機による、自給国をめざしたいものです。

12. 遺伝子ドライブ技術～生物兵器になるおそれ

ゲノム編集を応用化した「遺伝子ドライブ」はCRISPR-Cas９を組みこみ、確実に世代を超えて受け継がせていくと、後代までずっと影響が及び、次の世代、さらに次の世代と同じ遺伝子を破壊し続けるのです。生態系を破壊する危険性があること、またバイオテロをもたらす可能性があります。科学者の間でも一時中止（モラトリアム）を求める声が広がっています。二〇一六年にハワイで開催された世界自然保護大会で遺伝子ドライブ技術の停止が決議されました。「この技術は基本的に種の絶滅を目指す技術」であることから兵器として軍事利用も考えられており、停止を求める声が広がっています。

二〇一八年九月二四日、ネイチャー・バイオテクノロジー（Nature Biotechnology）誌で発表された英インペリアル・カレッジ・ロンドン（Imperial College London）の研究ではCRISPRを用いた新しい遺伝子ドライブを設計。蚊が雌雄どちらになるかを決める遺伝子の劣化コピーを実験室のケージ内で拡散した結果、劣化コピーの遺伝子は雌の蚊に作用し雌雄同体に変異させ八世代後に子孫を残せる正常な雌の蚊はいなくなり、ケージ内の蚊は全滅したといいます。

インペリアル・カレッジで「ターゲット・マラリア」と呼ばれているこのプロジェクトは、遺伝子ドライブでサブサハラ（サハラ以南のアフリカ）地域でマラリアを伝染させる蚊の個体数を激減させることが目的とされています。アフリカでの野外放出がもくろまれています。このプロジェクトは、ビル&メリンダ・ゲイツ財団から七〇〇〇万ドル超の資金援助を受けています。

二〇一九年には、哺乳類（マウス）へ遺伝子ドライブを適用することに成功したとの論文が報告されています。ニュージーランド政府は二〇五〇年までに外来種の根絶を目指しており、その政策の中で遺伝子ドライブの利用を検討しています。

しかし、実際に野外で遺伝子ドライブを応用した際にどのような結果になるかについては、大きな懸念があるのです。ある集団中に遺伝子ドライブが侵入するには、ごく少数の遺伝子ドライブ個体を導入するだけで十分である可能性が指摘されています。そのため、その集団が絶滅する前に、遺伝子ドライブが別な大陸や島に侵入してしまうリスクがあります。また、一部の人間が故意に遺伝子ドライブ個体を他の場所へ移動させる可能性もあります。こうして遺伝子ドライブ

アシロマ会議

1975年米国アシロマで28カ国の専門家によるGMOの自主規制に関する会議が開かれた。遺伝子組み換え技術の研究指針を話し合った。当時、開発間もない遺伝子組み換え技術で科学者も予期せぬ危険な生物を生み出す恐れが指摘されていた。作製した生物を実験室の外に出さない「封じ込め」などの安全策が提案され、科学者自らが研究の自由を束縛してまでも自らの社会責任を問うたことで科学史に残る。

自体が新しい強力な侵入種となり、各地に広がって生態系を改変してしまう危険性があるのです。

こうした野外放出の危険性を指摘する声を無視して強行された繁殖を止めるための遺伝子組み換えの蚊がコントロールに失敗しています。

米イェール大学の研究チームが二〇一九年九月一〇日にオープンアクセスジャーナル「サイエンティフィック・リポーツ」で公開した研究論文によると、研究チームでは、キューバのネッタイシマカの遺伝子を組み換え、優性致死遺伝子を持つ雄の蚊「OX五一三A」をブラジル北東部バイーヤ州ジャコビナで、二〇一三年六月から二〇一五年九月までの二七ヶ月間、毎週四五万匹の「OX五一三A」を放つ実験を行いました。自然界に放った後、ネッタイシマカの個体数は、当初減少したものの、一八ヶ月後には実験

CRISPR-Cas9 遺伝子ドライブの原理（メカニズム）

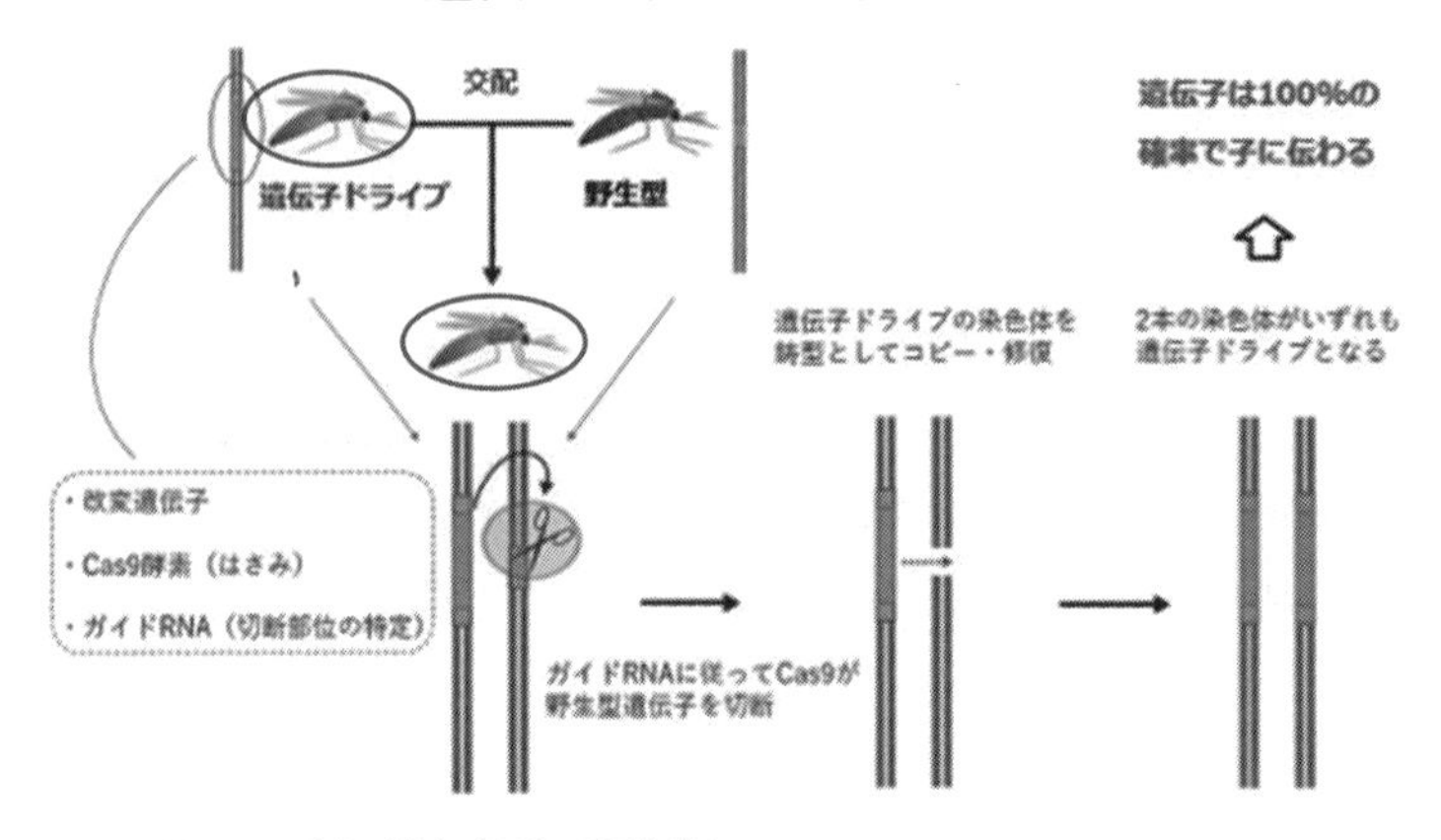

Kevin M Esvelt 氏らの論文（CC）の図を改変

CRISPR-Cas9 遺伝子ドライブを適用した蚊は、2つの染色体両方に改変遺伝子、Cas9 酵素（DNA を切断する「はさみ」）の遺伝子、ガイド RNA（DNA をどこで切るべきか教えてくれるガイド）を持ちます。

この遺伝子ドライブの蚊が野生型と交配して遺伝子が子に伝えられる時には、ガイド RNA が Cas9 を誘導して、野生型の親由来の野生型遺伝子を切断させます。切断された DNA を細胞が修復する際に、遺伝子ドライブの親由来の染色体（改変遺伝子・Cas9 酵素のための遺伝子・ガイド RNA）が鋳型としてコピーされます。つまり、改変遺伝子だけでなく、他方の染色体を切断して改変遺伝子をコピーさせる仕組み自体（「はさみ」と「ガイド」）も子に伝わることになるのです。結果として、蚊は両方の染色体に同一の改変遺伝子と Cas9 酵素遺伝子・ガイド RNA（遺伝子ドライブのセット）を持つことになり、その後すべての子孫にこの遺伝子を伝えられるので、世代を重ねるにつれこのプロセス（切断→コピー）が繰り返され、改変遺伝子が集団中に広まることになるのです。

<遺伝子ドライブとは>

https://darwin-journal.com/gene_drive_overview_mechanism より

Kevin M Esvelt 氏らが提案した遺伝子ドライブでは、新しい強力なゲノム編集技術である CRISPR-Cas9 を利用しています。通常のメンデル遺伝は 50% ですが、最高 100% の確率で特定の遺伝子を子に伝えられる可能性があるとしています。CRISPR/Cas9 によって遺伝子ドライブの応用可能性は一気に広がったのです。

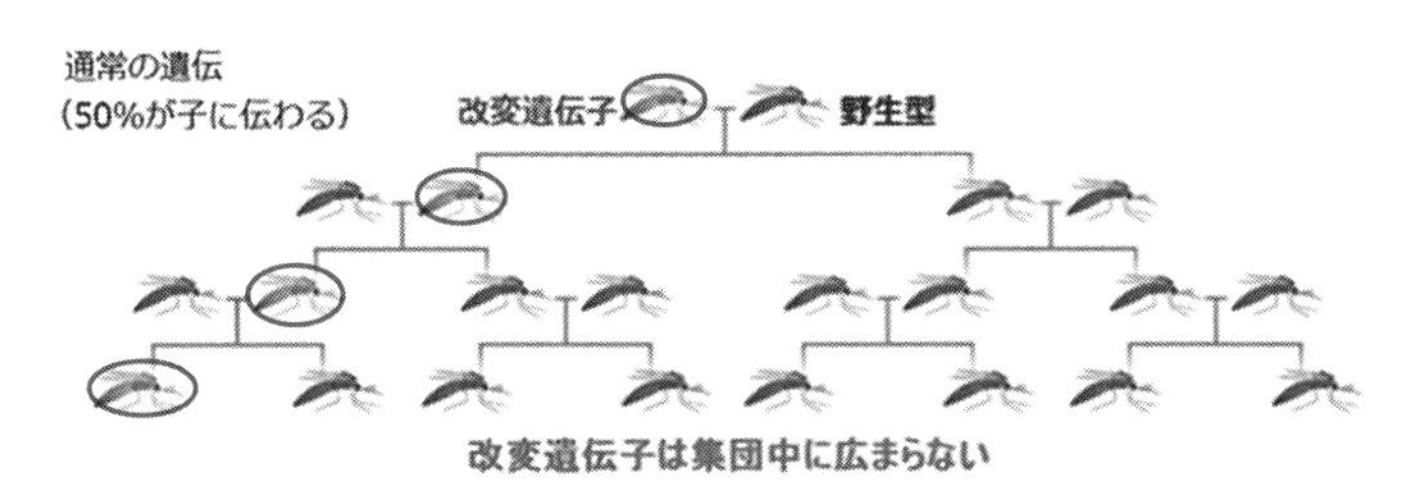

Kevin M Esvelt 氏らの論文（CC）の図を改変

〇で示した蚊には、一方の染色体に改変した遺伝子が挿入されています。この蚊が野生型の蚊と交配すると、両親それぞれの染色体が一本ずつ子に伝わるので、子の半数が改変した遺伝子を持ち、残りの半数は野生型となります（= 改変遺伝子が子に伝わる確率は 50%、メンデル遺伝）。

野生型が大量に存在する中では改変遺伝子は低頻度にとどまり、遺伝の組み合わせ次第では数世代で消滅してしまう可能性もあります。

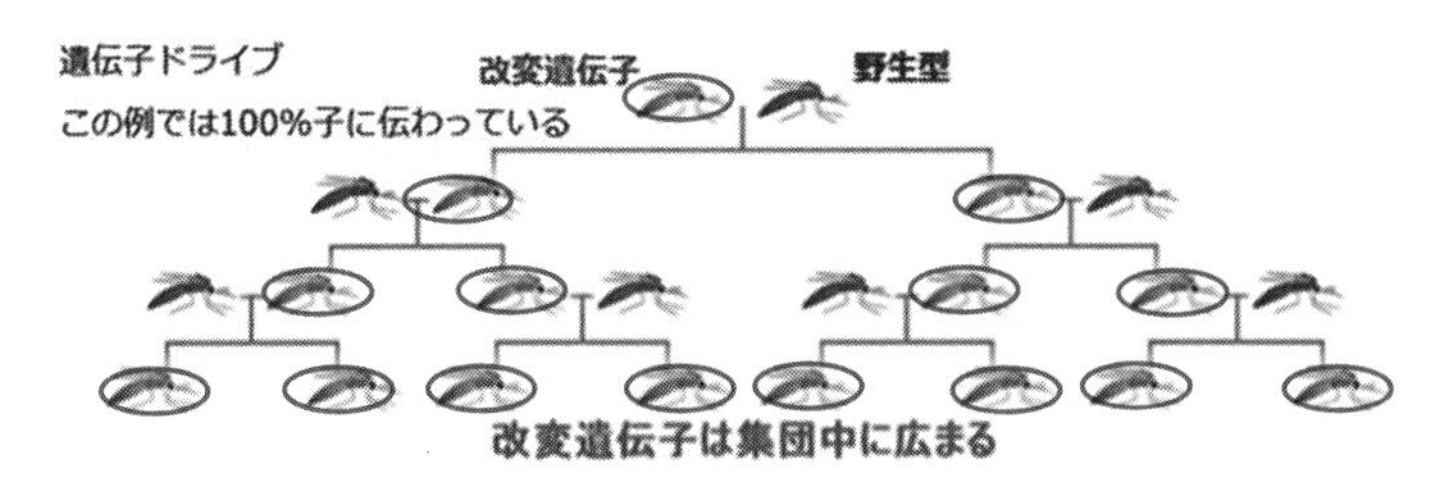

Kevin M Esvelt 氏らの論文（CC）の図を改変

開始前の規模にまで回復したといいます。研究チームは「ジャコビナで生息するネッタイシマカにキューバとメキシコの個体から生まれた『OX五一三A』を交配させたことで、十分な生殖能力を持つ、より強健な個体が生まれた可能性がある」と指摘しています。

GM Watch（二〇一九年九月一一日）は、Oxitec社の失敗について、以下のように指摘しています。

「実験室で使用されたもともとキューバとメキシコの蚊は、現在、ブラジルの蚊と混ざり合って、より長期間にわたって環境にとどまることができる頑強な個体群になった。彼らは長期的に混ざり合い、蚊に関連する問題をさらに深刻化するかもしれない。また Oxitec の試験は、ほとんど制御不能な状況をもたらした。一部の蚊が環境で生き残ることができることが以前から知られていたのに、同社は、特許を取得した蚊をリリース（環境放出）した。それは資金を調達した投資家、ビル&メリンダ・ゲイツ財団からの期待に応えることが、健康と環境の保護よりも重要だったからだ。今回の結果は最悪のシナリオで、深刻な損害を防ぐためのメカニズムはない。この事件は、遺伝子工学のさらなる応用に対し、影響を与えるだろう」

Oxitec 社のGM蚊はGM技術で致死遺伝子を持つ雄を作り出し、その種の絶滅を狙うという野生生物をもコントロールしようとするもので倫理に反します。ヒトの都合に悪いという視点だ

ビル＆メリンダ・ゲイツ財団

Bill & Melinda Gates Foundation; B&MGF）マイクロソフト元会長のビル・ゲイツと妻メリンダが、2000年に創設した世界最大の慈善基金団体。現在の基本資産は360億ドル。本部はワシントン州シアトル。財団の特徴のひとつはファミリー財団であること。財団の第一の原則は「ゲイツファミリーの情熱と興味によって運営される」こと、第二原則は「科学とテクノロジーは世界の人々の暮らしを改善する大きな可能性を持っている」こと。

けで蚊やネズミを絶滅させてよいのでしょうか。網の目のように相互につながる生態系において、ある種類が絶滅すればそれの食物連鎖や相互依存などに関連する生物がドミノ倒しのように影響を受けるのです。どこがどう影響を受けるか、事前に知ることは不可能なのです。

ところで遺伝子ドライブやモンサントのGM技術に資金支援をするビル＆メリンダ・ゲイツ財団は、いったいどういう世界を目指しているのでしょう。

第5章　種は誰のもの？

UPOV条約とモンサント法

1. 生命体に「特許」？

多国籍種子企業は、遺伝子操作技術で、新たな性質を持つ生物を作り出し、それらに「特許」をかけています。

「生物に特許をかける」というと違和感を覚えますが、いまや生物特許は大手を振っているのです。

生命体にはじめて特許が認められたのは一九七八年のこと。ゼネラル・エレクトリック社の技術者アナンダ・チャクラバーティが、自身が開発した原油を分解する遺伝子組み換え微生物について、生命体として世界で初めての特許取得を申請しました。そのとき米国の特許庁は、それまでの特許の常識である「自然物に特許は与えられない」と却下したのですが、最高裁まで争った結果、わずか一票差で特許を取得したのです。これが突破口となり、以降、米国特許商標庁（ＵＳＰＴＯ）は積極的に生物特許を認め、特許を付与できる遺伝子組み換え作物の開発に拍車がかかりました。

動物の特許は、それから一〇年後の一九八八年。ハーバード大学が開発したガン遺伝子を受精卵に組み込んだ、生まれながらのガンマウスに特許が認められました。〝ハーバードマウス〟と呼ばれたそれは、当然のことながら、反倫理性、生態系への脅威、ヒトの遺伝子操作にまで進みかねない危惧、動物虐待等々の理由による抗議や批判が殺到、こうした批判を受けて、特許の対象は〝ヒト以外の哺乳類〟とされたのです。

こうして特許を取得をすれば、特許をかけた遺伝子を持つ、動物でも植物でも「所有権」が主張できるようになったのです。

しかし、生命に特許をかけることの是非が十分に議論されたことはなく、社会的に受容されているわけでもありません。そもそも人間が他の生命を所有できるのでしょうか?

またＧＭにせよゲノム編集にせよ、次世代にわたって完全一致した個体であることはなく、世代を超えて個体（の遺伝子）が環境に応じて適応、変異していくフレキシブルな存在です（それが生命体である証でもあるわけです）。そういう生命体を、モノや方法の発明と同列に扱うのはおかしなことです。

またGM作物は「これまでのものと同じ」だから安全(「実質的同等性の評価」)といって認可したのに、「今までにない新しいもの」だからと特許を付与するというのは、大いに矛盾しています。

2. 農民シュマイザーとモンサント社の特許侵害裁判

遺伝子組み換えをした作物の特性は、次世代にも引き継がれますから、モンサント社から遺伝子組み換えの種子を購入した農家は、特許権を尊重するテクノロジー同意書にサインを求められ、収穫した種子を翌年に撒くことは許されず、毎年、種を会社から買うことを求められます。

カナダの農民パーシー・シュマイザー氏は一九九八年の八月、モンサント社から突然、一通の手紙が送られてきました。シュマイザーの農場のキャノーラ(西洋ナタネ)畑でモンサント社の特許作物(ラウンドアップレディキャノーラ)の存在が確認されたので、特許侵害の賠償金を払わなければ訴訟に持ち込むという内容でした。

これはシュマイザー氏の畑に限ったことではなく、モンサント社は勝手に畑に入って作物を持ち去り、このような脅しの手紙を農家に送りつけているのです。

シュマイザー氏は賠償金支払いを拒否しました。身に覚えのないどころか、遺伝子組み換えキャノーラが畑を汚染し、育種家でもある彼が四〇年にわたって選抜し育ててきたキャノーラが台無しにされたのであり、被害者は自分の方であり、賠償金を請求されるのは筋が違うとモンサント社の提訴を受けて立ちました。

二〇〇三年七月、市民団体が日本にシュマイザー氏を招き、講演会が行われました。シュマイザー氏によれば、北アメリカで、農民に対してモンサント社が起こした訴訟は五五〇件にものぼるといいます。

モンサント社は、遺伝子組み換え種子を一度買った農家には、自家採種や種子保存を禁じ、毎年確実に種子を買わせる契約を結ばせ、そうでない農家には、突然特許権侵害の脅しの手紙を送りつけます。花粉や種子の飛来などで畑が汚染されるケースは枚挙にいとまがありません。

農家の側には落ち度はなく、農家の畑を汚染する可能性がある者にそれを防止する責任があると常識的に考えますが、法廷に持ち込まれることはほとんどないそうです。

農家は、相手は巨大企業、象とアリの戦いであり、負ければ巨額の賠償金となるので、泣く泣く和解の示談金を払っているのです。

3. モンサント社の損害賠償ビジネス

モンサント社に対して裁判を始めた場合、まず弁護士費用の問題があります。シュマイザー氏は、自分の弁護士費用だけで二七〇〇万円を使っていると述べました。負ければ相手方の弁護士費用も負わされます。さらにモンサント社は本社があるミズーリ州の法廷に持ち込めるため、何千マイルも離れた地域の農民に、大きな負担となります。勇気を出して立ち上がったシュマイザー氏ですが、カナダの最高裁の判決は、モンサント社の言い分を認めシュマイザー氏は敗訴したのです（ただしモンサントの弁護士費用の負担はなしとされた）。

この判決の意味するところは、ＧＭ作物の花粉や種子が、風や鳥、あるいは蜂や動物に運ばれたとしても、トラックやコンバインからこぼれたとしても、遺伝子汚染の経路は問題ではなく、農家の畑の隅に生えていたその事実が特許侵害にあたるということです。

モンサント社は、単に特許を守るというより、損害賠償をビジネスにしてきました。ワシントンにある食品安全センター（ＦＳＣ）の二〇〇七年の調査によれば、モンサント社は特許侵害の和解で一億七〇〇〇万～一億八六〇〇〇万ドルを集めてきました。最高額はノースカロライナ農民に対しての三〇五万ドル（約三億五〇〇〇万円）だったそうです。二〇〇三年には、訴訟分野を強化するため、七五人のスタッフを擁する、年間予算一〇〇〇万ドルの新部門を設置しています。

それだけではありません。モンサント社は、モンサントポリスと呼ばれる組織を作り、農家の摘発を進めるとともに、密告も奨励してきました。また、モンサント社との和解には、他の農家が実情を知ることができないよう、他言しないことに同意させられるのだそうです。特許種子は、つまるところ農家を支配するための道具なのです。

特許侵害を理由に農家が破産に追い込まれるケースが続出したことから、二〇〇八年米国カリフォルニア州は、こうした「脅迫戦術」から農家を守る法案を通しました。以下のように企業による一方的な侵害立証を制限し、意図しない交雑による栽培は、農家側に責任がないことを明記したのです。

・特許権者は、あらかじめ特許権侵害や契約違反の疑いのある農民に対して、書面で立ち入りとサンプルの採取について許可を得なければならない。

・同時に、その書面を州当局に提出しなければならない。

・しかし、立ち入りを要請された農民は拒否ができる。
・それでも立入りとサンプリングを求める場合には、州裁判所の許可を得なければならない。
・サンプリングに関して、どちらかの側からか要請があれば、州当局あるいは第三者がサンプリングを行い、その費用は特許権者が支払う。
・サンプリングの場所と時間は二四時間以上前に通知される。
・分析結果は、分析終了後三〇日以内に双方に通知される。
・特許遺伝子が検出されたとしても、故意でなければ農民に責任はない。

シュマイザー氏が声を上げたことは決して無駄ではありませんでした。このようにして広く知られるようになったことで、アグロバイオ企業の行き過ぎた権利乱用に歯止めをかけなくてはならないという世論が沸き上がったからです。

なお、二〇一三年、ドイツは特許法を改正し、生物特許は認めないとしたのです。

4. 自殺する種子・ターミネーター技術

毎年、農家にGM種子を購入させたいアグロバイオ企業は、そのための技術を開発しました。

〝ターミネーター技術〟と呼ばれるそれは、種取した二世代目の種子には毒が出来、自殺させてしまう技術のことで、この技術を種に施すことで、農家は自家採種ができなくなり、毎年、種を購入せざるを得なくなります。お終いにするという意味の英語の Terminate から RAFI（Rural Advancement Foundation International、現ＥＴＣ、カナダ）がターミネーター技術と名付けました。

この技術は、米国農務省農業研究局（ARS）と綿花種子最大手デルタ＆パインランド社（Ｄ＆ＰＬ、後にモンサント社が買収）の共同開発により、一九九八年三月に米国特許を取得し、続いてシンジェンタ社が九八年九月に、デュポン社は九九年一月にそれぞれ米国特許を取得しました。開発の目的は、ＧＭ種子の特許侵害を防ぐため、とされています。

アグロバイオ企業は、ＧＭ種子を世界各地に広げたい。しかし多くの途上国では、多数の小規模農家が、自家採種しています。そもそも農家にとって、種取はそれこそ何千年も前から続けられてきた当たり前の自然の営みであり、特許侵害という考え方を理解させるのも困難であり、たくさんの小農を取り締まるのも難しい。そこでターミネーター技術を開発したのです。

また彼らは、ターミネーター技術を進化させた、トレーター技術も開発しました。これは植物が備えている発芽や実り、耐病性などにかかわる遺伝子を人工的にブロックし、自社が販売する抗生物質や農薬などの薬剤をブロック解除剤として散布しない限り、それらの遺伝子が働かないようにしてあります。農薬化学薬品メーカーでもあるこれら企業の薬剤を買わなければ、生育しないようになっています。

RAFIは、この技術を特性 trait にかけて traitor（裏切り者）技術と名づけました。自社薬剤と種子のセット売りは、除草剤耐性GM作物の「自社除草剤と種子のセット売り」戦略と同じであり、アグロバイオ企業の真の狙いは種子の支配なのだとよく分かります。

5. ターミネーター技術とはどんな技術？

ターミネーター技術やトレーター技術は、専門的には「植物遺伝子の発現抑制技術（GURT = Genetic Use Restriction Technology）」と呼ばれるものです。ターミネーター技術は植物品種（variety）レベルで制限をかけるものなので v-GURT と呼ばれます。トレーター技術は特性（trait）を制限する技術なので t-GURT と呼ばれます。

ターミネーター技術では、種子を死滅させる毒性タンパクを作る遺伝子を組み込み、その遺伝子が二回目の発芽の時に働くように、いくつもの遺伝子を組み込んでコントロールしています。いくつかの方法がありますが、ＧＭ綿のターミネーター技術の場合、サボン草からタンパク質の合成を阻害する毒を作る遺伝子を取り出し、これを種子が十分に熟したときに働くプロモーター（連結した遺伝子を起動するスイッチの働きをする）遺伝子に連結します。綿が成長し種子が十分に熟すと、プロモーター遺伝子が毒素遺伝子を起動して毒素が生成されます。これが次世代の種子を殺すのです。

しかしこのままでは種会社もまた農家に売る種子を量産することができなくなってしまいます。播いた種子はすべて死んでしまうのですから。そこでプロモーター遺伝子と毒素遺伝子の間にＤＮＡの一片をブロックとして挿入して、毒素遺伝子が働かないようにしてあるのです。このブロックＤＮＡは特定の酵素によって外れるのですが、この酵素を作らせるプロモーター遺伝子を働かないように抑止たんぱく質で抑えてあるのです。

種会社がこのままこの種子をまけば、種子を量産することができます。しかし、農家に販売する種子は、抗生物質テトラサイクリンにつけて抑止たんぱく質を外し、自殺装置が機能するようにしているのです。

6．ターミネーター技術をあきらめないアグロバイオ企業

このようなターミネーター技術に対し、国際的な批判が湧き上がり、種取をしている一四億の農民の暮らしと農業を破壊するものであるとして、世界の五〇〇以上もの組織が国際的禁止を求めました。

当時、D＆PL社の買収を進めていたモンサント社に対し、この技術の実用化をもくろんでいるとして批判が集中、モンサント社の当時のCEO（ロバート・シャピロ）はいったん買収を断念するに至りました。そして一九九九年、ロックフェラー財団会長ゴードン・コンウェイの助言で、モンサント社はじめ開発企業は「ターミネーター技術の商業化はしない」と発表しました。二〇〇〇年、国連生物多様性条約会議も、ターミネーター種子の野外栽培試験や商業販売の事実上の一時停止を求めました。

ところが二〇〇五年になって、モンサント社は「食用作物では、ターミネーター技術を商業化しない」と言い換えたのです。そして二〇〇六年にD＆PL社の買収で合意、二〇〇七年五月に司法省が買収を承認し、この技術は正式にモンサント社のものとなりました。

途上国で何が起きているか？

インドの綿花産業の場合

インドにはモンサント傘下のマヒコ社という綿花種子の企業があります。マヒコ社は、ＧＭ綿花は害虫のオオタバコガ（bollworm）の幼虫を殺すので殺虫剤の使用を減らすことができ、環境にもよい、収穫量も５倍になると触れ込みました。ＧＭ種子の値段は通常の４倍もしましたが、収穫量の大幅なアップが見込めると説明された農民たちは借金をしてこれを導入しました。しかし結果は……惨憺たるものでした。オオタバコガがいなくなったかわりに、別の害虫（ pink bollworm）が増えて被害をもたらし、結果、大量の農薬をまかなければならなくなってしまったのです。また不作が続き、収量は従来の1/4 程度にまで落ち込んだといいます。借金を返せず、自殺する農民があとを絶たなくなりました。インド国家犯罪記録局の調査では、自殺した農家は 2002 年から 10 年間で 17 万人に上りました。

Ｄ＆ＰＬ社は綿花種子最大手であり、綿花でターミネーター技術の応用化商業化を推し進めると見られています。

モンサント社は、ＧＭ技術なら「地球温暖化」に対応でき、高温、乾燥、塩害土壌、洪水などに強い作物を作れるだとか、石油代替のバイオ燃料もエタノール転換効率を高めたＧＭ植物が貢献するとか、まだ一つも応用化できていないのですが、ＧＭ技術の巻き返しを図って、プロパガンダを展開したのです。

7. 種の独占はハイブリッド品種から始まった

今日、日本を含む進諸国では、野菜はF1（ハイブリッド）の種子による栽培が一般的になっています。

ハイブリッド種子とは、メンデルの「優性の法則」にもある通り、両親の優性な形質は子どもの代ではそろって現れるのですが、この子ども同士をかけあわせた二代目になると劣性な形質も現れて、ばらつきが出てしまい、一代目のようにはいきません。優良な形質が揃って現れるのは一代目限りなので、農家は毎年種子を購入しなくてはならないのです。

世界で初めてのハイブリッド種は一九二〇年代米国のパイオニア・ハイブリッド社（現在はデュポンの子会社）が作ったトウモロコシです。

トウモロコシの場合、茎の先端に花粉を持った雄花があり、下の方の葉っぱの付け根に雌花があります。圃場に両親系統を混ぜて植え、母親植物の雄花を全部切り取って除いてしまうと、この母親の雌花にはもう一方の父親系統の花粉が付きます。母系統から採った種子は全て両親の交配種になります。
　このような単純な方法によって雑種一代目の種子が多量に採取できることと、均一性のあるハイブリッド作物は機械化農業にマッチしたこともあり、短期間で広く普及していきました。農家は毎年、種子を購入しなくてはなりませんから、掛け合わせる親の種子を持つ種会社は、ハイブリッドによって飛躍的な成長を遂げました。

　現在、米国のトウモロコシは、ほとんどがハイブリッドですが、モンサント社は、殺虫性をもたせたＧＭハイブリッドトウモロコシを開発し、今ではＧＭ品種が九〇パーセント以上を占めるに至っています。

　ＧＭハイブリッドトウモロコシは、種取りされる心配もないわけですが、小麦、米、大豆、それに綿は、自家受粉（花の中の雄しべと雌しべが受粉）するので、ハイブリッドを作るのが困難であるため、これらの作物においては、農家は自家採種したり、購入種子の場合でも数年も買わないで済ますことができていました。
　しかしモンサント社は、これらの作物に対してはＧＭ品種を開発して特許をとり、種取を犯罪にして、毎年、種子を購入しなければならないようにしました。

大豆、綿、ナタネなどはすでに特許化したGM品種が商品化済ですが、小麦は、除草剤耐性のGM品種が開発はされていますが、遺伝子汚染を懸念する小麦バイヤーや消費者の強い反対もあり、今のところ商業生産・流通には至っていません。GM米も同様です。

また、彼らは法律や植物新品種保護条約を使って農家の自家採種を禁止するという方策にも手をつけています。

8. 種子業界の権利を拡張する植物新品種保護（PVP）

種子における育成者の知的財産権には、特許のほかに、もうひとつあります。植物新品種保護（PVP、Plant Variety Protection）です。PVPは一九七八年の生物特許の幕開けより早い六〇年代に、植物新品種保護条約（UPOV）によって、植物の新品種開発者の知財保護のルールとして標準化されたもので、品種登録された種苗（しゅびょう）は、育成者の承諾なしに業として利用（増殖、譲渡、輸出入）してはならないとする、いわば著作権に近いものでした。ところが、一九九一年にUPOVが改定され新品種開発者の権利が劇的に拡張されたのです。

それまでは、育成者の許諾なしに自由に認められてきた農家の自家増殖と、研究機関や育種家による開発のための利用が原則禁止となり、オプションの例外としてだけ認められることになりました。また、ＰＶＰと特許の二重保護が認められ、保護期間は二〇～二五年（以前は一五年～一八年）に延長され、すべての植物種（以前は二四種だけ）がカバーされることになったのです。

もっとも、九一年改定は、農家の自家増殖を原則禁止としたものの、「例外として認める」オプションは加盟国各国に委ねられていたため、ほとんどの国は農家の自家増殖を例外扱いすることで自国の農家と農業を守ってきました。日本の場合も、稲や果樹等では自家増殖が慣行的に行われているため、種苗法（植物新品種保護条約を反映する国内法）では原則自由としてきました。

ところが、二〇〇六年一月、日本で開催された植物新品種の育成者権行使に関する国際会議の折、農林水産省の種苗課長が農家の自家増殖に関して将来的には育成者権を及ぼす（禁止する）方向へ転換すると表明したのです。その年の一二月には、「植物新品種の保護の強化及び活用の促進に関する検討会」が設置されました。

その後、二〇一八年、わずか一二時間の審議で主要農作物種子法（種子法）廃止が決定され、公的機関が担ってきた米、麦、大豆の品種開発を民間に明け渡すことになりました。そして今度は農家の自家採種禁止を盛り込んだ種苗法改定が、二〇二〇年三月閣議決定され、五月に国会に上程されました。しかし国会審議は批判の高まりで秋の臨時国会へ先送りされました。

9．PVP（植物新品種保護）は途上国の農業を破壊する

日本などの先進国と違い、途上国では、農民のほとんどが自家増殖で種子を得ています。近年FTA（二国（地域）間での自由貿易協定）が多数締結されるようになりましたが、その中で日米欧の先進諸国は、途上国を相手にUPOV加盟を約束させています。例えば日本なら、対マレーシアFTA、対インドネシアFTAなどにUPOV加盟が盛り込まれました。ここ数年間に多くの発展途上国がUPOVに加わりましたが、主にFTAによるものです。

GRAINによれば、種子業界がUPOVに執着する理由は、発展途上国が植物の特許権を拒絶し続けたとしても、特許権に近くなったPVPが種子産業の独占を保護してくれるからであり、それに、特許に比べPVPの権利取得のほうがずっと容易だからです。

特許には、新規性、進歩性、有用性（産業上利用することができる）の要件を満たす必要があり、中でも有用性の証明は実は難しいのですが、新品種のPVP取得の要件は、新規性、区別性、均一性、安定性だけ。難易度は格段に違います（なお、GM植物だけでなく、普通の品種にも特

許は取られています。米国では、現在非GM植物に二六〇〇以上の特許があります)。
PVP登録された大部分の植物は、特許の基準は満たせないものですが、特許に近い独占ができるようになりました。

10. 自家増殖を禁止させようとする「モンサント法」

種子業界が次のUPOV改定に盛り込もうとしているのは、農家の自家増殖と研究のための無料アクセスを完全に禁止することだと言われています。これが実現すれば、農家や研究機関によって生み出されてきた新品種の開発と進歩が妨げられます。新品種開発の進歩が妨げられても、自分たちが儲けることのほうが大事というわけです。世界中に今日存在する作物品種のほとんどは、農民や研究機関が営々と選抜し、掛け合わせて作り出してきたものです。GMもその資源をもとに開発されているのです。

自家増殖禁止となった場合、UPOV加盟国の農家は、デュポン社、バイエル社、シンジェンタ社、そしてモンサント社など種子業界に、毎年七〇億ドル(彼らのいう、毎年の権利喪失額)

を支払わなくてはならくなることでしょう。そして将来的には、我々の食料システムが、彼ら企業の完全な支配のもとにおかれることになるのではないでしょうか。

また次の改定では、研究機関の新品種へのアクセスは、一〇年間禁止し、その後、登録とロイヤリティの支払いを求めるとしています。そしてこれを実行ならしめるため、種子銀行システムを構築するとしています。品種育成のために使用できる合法種子は、種子銀行から正式な手順に従って許可された種子だけとなり、それにはロイヤリティの支払いを伴うことになります。

しかしUPOVの次の改定を待たずして——というより、もっと確実な方法をとることにしたというべきでしょうか——彼ら種子メジャーは、各国に自家採種を禁止するための法律を作るよう働きかけたのです。この法案は、「モンサント法案」と呼ばれ、二〇一〇年ころから、南米、アジア、アフリカ各地で、議会に提出されるようになりました。

11. 種子銀行は何のため？

〝種子銀行〟といってもほとんどの人にとっては聞きなれない言葉ですが、今、この銀行システムが着々と進んでいます。このシステム構想の下敷きになっているのは、国際農業研究協議グループ（CGIAR）の遺伝子銀行やノルウェー領に建造された終末種子貯蔵庫でしょう。

終末種子貯蔵庫は、ビル・ゲイツ氏のビル・アンド・メリンダ・ゲイツ基金、ロックフェラー財団、モンサント社、シンジェンタ財団などが数千万ドルを投資して、北極圏ノルウェー領スヴァールバル諸島の不毛の山に建造した世界種子貯蔵庫です。ノルウェー政府によれば、核戦争や地球温暖化などで種子が絶滅しても再生できるように保存するのが目的ということです。

この貯蔵庫は、自動センサーと二つのエアロックを備え、厚さ一メートルの鋼鉄筋コンクリートの壁でできています。また爆発に耐える二重ドアになっています。北極点から約一〇〇〇キロメートル、マイナス六℃の永久凍土層深くに建てられた終末種子貯蔵庫には、さらに低温のマイナス一八℃の冷凍庫三室があり、四五〇万の種子を貯蔵できます。

しかし果たして人類が未曾有の危機にさらされたとして、この貯蔵庫から凍結種子を取り出し、食糧生産を再開することができるのでしょうか。

実際、マイナス一八℃で冷凍保存されていた種を撒いてみたところ八割発芽しなかったという報告もされています。

終末種子貯蔵庫の供託者は、ＦＡＯ（国連食糧農業機関）の下で運営されている国際農業研究協議グループ（CGIAR）です。CGIARは受託協定に基づき世界各地の作物を保管する一五の遺伝子銀行を所有しています。GRAINは、受託制度とはつまるところ、CGIARに保管物への「ほぼ排他的」なアクセス権を与えるものだと非難しています。

CGIARはロックフェラー財団とフォード財団によって一九七一年に設立されました。CGIARが所有する一五の遺伝子銀行を合わせると、六五〇万以上の種（そのうち約二〇〇万は〈異なる種子〉）を保有しています。

12. 「緑の革命」がもたらしたもの

一九四〇年代から六〇年代にかけて、「緑の革命」が起きました。ロックフェラー財団やフォード財団の主導で行われ、穀物の大量増産を達成したとされています。ロックフェラー財団の農学者ノーマン・ボーローグは、食糧増産を果たした功績として、一九七〇年にノーベル賞を授与されています。

緑の革命にはもうひとつ目的があって、飢餓問題に直面するメキシコやフィリピン、インドなどが共産化（赤の革命）しないようにという目的であったとも指摘されています。

緑の革命では、トウモロコシ、小麦、米などの高収量品種を投入しましたが、それらはいずれも従来の二倍以上の収量（肥料の吸収効率がよい）があり、茎が短く、肥料を余分に与えても倒伏しないなどの特徴を持つものでした。しかし、茎が短いため湿地での生産に不向きで、潅漑事業と農薬・化学肥料を大量に必要としたのです。

七〇年代に入った頃から、表土の塩類集積（注七）が大きな問題となり、また、農薬に耐性を持つ病虫害の大発生に見舞われたりして、逆に生産量を減らす例が出てくるようになりました。化学肥料と農薬の使用による汚染で、水田が淡水魚の繁殖池として機能しなくなり、農民の副食の自給力をそぐことにもなりました。

それまでの伝統的自給農業を近代化農業に変貌させた緑の革命でしたが、新品種作物の種子代金と種会社へのライセンス料金、および化学肥料や農薬の代金による経済的圧迫が農家を脅かし、さらに、収量は増加したものの、多収量品種は味が悪く消費者の不評により市場価格が暴落しました。

このため、農地を担保に借金をする農家が続出し、農民達の貧困を助長する結果を招いたのです。食い詰めた農民は都市のスラムへ流れ、発展途上国のスラム人口を増大させたのです。
また、導入品種の単一栽培により、それぞれの土地に古くから定着してきた多数の栽培種が失われてしまいました。

現在、「緑の革命」は失敗であったと認識されています。それは、伝統的な農業における食料生産のコントロールを、農民の手から多国籍企業の手に移す、アグリビジネスモデルを広げるためのプロジェクトであったと認識されています。

かつて緑の革命を推進したメンバーに加え、今度は新たにビル・ゲイツ氏らも加わって、「アフリカの緑の革命のための連合」に投資がなされていますが、これもアフリカの伝統的農業を、近代化農業（農薬や化学肥料を使用し、種子企業が提供する高収量品種や遺伝子組み換え作物を用いる）のシステムに移行させるためのもので、「緑の革命」と同じ道をたどるのではないかと危惧されています。

今、種の多様性が世界中で急速に失われており、その保全という意味では、各国が、農家や育種家などが利用できる開かれたシステムとしての、種子銀行を持つことは社会的に有意義なことです。しかし、緑の革命のロックフェラー財団、自殺種子技術を有するアグロバイオ企業、そして独占を得意とするゲイツ氏が世界の種子を集めて終末種子貯蔵庫に保管するのは、種子支配のためではないかと思わざるを得ません。

農民たちがその土地で引き継がれてきた種子を畑で育て、種を取り、翌年またそれを撒くという繰り返しが、保全のもっとも確実な方法です。種子の遺伝子はその風土と環境に結びついた形で、引き継がれていくものだからです。

13. モンサント法案を巡る各国の動き

アフリカではビル&メリンダ財団が、ＵＰＯＶ条約を盾にとって、モンサント法案を押し付けています。ガーナ、ナイジェリアなどで遺伝子組み換え作物が伝統作物を脅かすようになってきています。

南米パラグアイでは、農民出身のルゴ大統領が、多国籍企業による食物支配から、農民の権利を守るとして大統領になりましたが、大地主・大企業の反対にあって改革は進まず、その後、クーデターにより、二〇一二年、多国籍企業の利益を推進するフランコ大統領にとって代わりました。フランコ大統領は、着任後すぐに遺伝子組み換えや種子育成権を認める法律を成立させました。パラグアイの人は、クーデターはモンサントが引き起こしたと考えています。

二〇一三年、コロンビアでは多国籍企業のロビー活動により、モンサント法案が可決されましたが、コロンビア全土で農家の反対運動が起き、やむなく〝凍結〟となりました。メキシコも同様で、暴動などが多発したため、廃案となりました。二〇一四年にはチリも、いったんは可決されたモンサント法案をやはり廃案にしています。ガテマラでは議会は承認しましたが、憲法裁判所がこれを違憲としました。アジアでは、モンサントのBt綿により自殺者が絶えないインドで、デリーの高裁がモンサントの種子特許を認めない判決を出しました。その後、モンサントにフリーハンドを与える種子新法が議会に提出されたりしていますが、根強い抵抗があります。

こうした反モンサントの流れに対し、まったく逆を行っているのがここ日本。世界では抵抗運動が大きくて、なかなか思い通りに進まないため、ターゲットを日本に絞ってきていると言ってもいいかもしれません。種子に特許をかけて占有し、農家の自家増殖を禁止し、食糧支配をもくろむモンサント法は、日本では種子法廃止から始まっています。

第6章　売国法はいかにして成立したか

種子法廃止・農業競争力強化支援法・種苗法改正

1. 種子法とは何か

二〇一八年四月、日本では主要農作物種子法（種子法）が廃止になりました。種子法が制定されたのは一九五二年、戦中戦後の食糧難の時代を経て、米・麦・大豆の三つの主要作物は、生産農家を守り、国民に安定供給するのは国家の責務と考え、各都道府県に種子の開発・管理・普及を義務付けました。

これが二〇一六年一〇月、規制改革推進会議より廃案にするべきという提案がなされ、二〇一七年二月に閣議決定、十分な国会審議もないまま、二〇一七年四月に成立、翌二〇一八年四月より施行となったのです。

この種子法廃止、何が問題なのでしょうか

戦後、日本で、米が安定供給され、実に、一〇〇〇種類もの品種があって多様性にあふれているのも、この種子法があればこそと言っても過言ではありません。種子法によって、主要作物の品種開発と管理・普及は各都道府県の「義務」となり、都道府県の農業試験場が地域の気候風土や農家のニーズにあった品種開発を行い、良質な種子を農協などを通して農家に供給する役割を

担ってきました。

種子法廃止によって県の予算がつかないところが出てきます。農業試験場の中には、縮小・廃止せざるをえないところも出てくるでしょう。

なぜ廃止しなくてはならないのか？

これについて政府の主張は、「種子法があると民間の参入が妨げられるから」というものですが、まったくもっておかしな話です。すでに一九八六年、種子法の一部改正で、民間企業も主要作物の種子事業に参入しており、日本モンサントの「とねのめぐみ」、三井化学アグロの「みつひかり」、住友化学の「つくばSD」、豊田通商の「しきゆたか」などが企業米として出回っています。これらの企業米は主としてコンビエンスストアなどの弁当などに使われています。種子法のもとで民間開発の米も並立できているのです。本当の狙いは公的種子をなくしてしまうことなのです。

また、種子法廃止に際し、「農業競争力強化支援法」が制定されました。ここに、種子法廃止の政府の本当の目的が表れています。

2. 公的知見を民間に提供せよと迫る農業競争力強化支援法

「農業競争力強化支援法」は、種子法廃止とセットであり、二〇一七年八月に施行されました。

農業競争力強化支援法八条四項には、こう書かれています。「都道府県が有する種苗の生産に関する知見の民間事業者への提供を促進する」。

この民間事業者については、当時の農水省副大臣・齋藤健氏は「モンサントなどの海外の事業者も含まれる」と国会で答弁しています。

すでに出回っている民間米は、どれも大規模生産向きの品種です。たとえば日本モンサントの「とねのめぐみ」は、「直播」と言って田んぼに直接種を撒く米国式の大規模生産のやり方で作られています。種もみを育苗箱に植え、育った苗を田んぼに移植する田植えはしません。企業は単一品種を大量生産することが最も効率が良いのであり、小規模向けに多様な品種の種子を開発することはしないのです。

実際、農業競争力支援法の八条三項には「品種を集約せよ」と書いてあります。「その銘柄が著しく多数であるため、銘柄ごとの、その生産の規模が小さく、その生産を行う事業者の生産性が低いものについて、地方公共団体又は農業者団体が行う当該農業資材の銘柄の数の増加と関連する基準の見直しその他の当該農業資材の銘柄の集約の取り組みを促進すること」

品種の多様性が真っ向から否定されているのです。

凶作は必ず起こります。一年で終わらず何年も続くことだってあります。聖書にはエジプトで起きた七年も続いた大凶作のことが書かれています。近年で起きたもっとも大規模な凶作は二〇〇八年の世界同時凶作による食糧危機です。小麦や米の輸出国が輸出禁止を取ったため穀物価格が暴騰しました。

輸入の穀物に依存していた国々では、貧しい人たちが穀物を買えず、飢餓に見舞われました。エジプトでは各地で暴動が起きて政情不安になり、ムバラク政権が倒れたきっかけのひとつになったともいわれます。

昨今日本は毎年のように異常気象に見舞われています。そして現在、世界的なコロナウィルスの感染拡大、パンデミックが起きました。感染拡大防止のために国境が封鎖され、国際的なサプライチェーンが寸断され崩壊した結果、食料の生産・流通も影響を受けて海外の生産に依存するリスクが浮き彫りになりました。

世界的な買い占めで不足が懸念されることから、穀物を中心に輸出規制をする国が相次ぎました。農林水産省によると五月一日現在で一五か国が輸出規制をしています。米を自給する日本は今のところ影響を受けていませんが、今後、さらに国内自給を失っていけば、食料危機や飢餓に見舞われる可能性は否定できないのです。

種子法により、種子は安く農家に提供されてきました。生産費に占める種子の価格はこれまで稲で二～三パーセント程度、小麦四パーセント、大豆五パーセント程度と低かったのですが、民間から種子を購入しなくてはならなくなれば、値段は当然高騰することでしょう。例えば、各都道府県の奨励品種の種籾価格は四〇〇～六〇〇円／kgですが、三井化学アグロの「みつひかり」は四〇〇〇円／kg、ほぼ一〇倍です。種子の価格が高騰すれば、生産物の価格も当然跳ね上がります。農家も消費者も誰も得をしません。ただ企業だけが暴利を得られるようになるだけです。農家の廃業も一層進むことでしょう。

3．山田正彦氏の企業米使用の生産者インタビュー・レポート

現在、企業が開発した米は市場に出ている米の一割ほどと言われます。元農水大臣で、種子法廃止の問題を早くから告発してきた山田正彦氏は、これら企業米を導入した農家に赴き、実態をレポート、それを『タネはどうなる？！　種子法廃止と種苗法適用で』の中でまとめておられます。大企業が育成権を持つ企業米を小規模農家が生産することの現実がよくわかる内容になっていますので引用したいと思います。

山田氏は、「みつひかり」「とねのめぐみ」「つくばSD」「しきゆたか」の生産者をそれぞれ訪ね、収量、栽培の状況、契約書の内容などについてインタビューしているのですが、どの農家も「収量が多く見込める」のを理由に導入し、「確かに収量は多かったが業者から説明されたほどではなかった」と話しています。とねのめぐみについて、「収量は確かにあったが二年目から病気が発生し、年々、収量が下がった」として、いずれも、思ったほどではないのでやめようかと語ったと述べています。（しきゆたかについては、まだ収穫していないのでわからない）。食味についてはコシヒカリなど既存の人気米に劣らないとして説明されたが、既存の品種の方が食味

が良いと答えています。

また「みつひかり」農家は、「米を全量引き取ってもらえる」こともあって導入したが、引き取り価格が年々下げられていったため、止めたと答えています。当初の話では、価格は企業と農家の話し合いで決めることになっていたのが、実際は一方的に決められてしまったようです。そもそも個人が大企業相手にそうそう有利な交渉などできるものではありません。

山田氏は契約書も見せてもらっています。それによると、とねのめぐみの契約書には、種子は毎年購入しなければならないこと（自家採取の禁止）の他、栽培に関する指示を遵守すること、その規定に違反した場合は、生じた損害を賠償しなくてはならない旨が書かれていました。

つくばSDを開発した住友化学は、住友化学アグロソリューションという別会社を作って、生産させた米を全量引き取り、それをセブンイレブンに販売するという販売網を作りました。全量買い取りは農家にとって魅力的です。しかし、取材した農家は、つくばSDは、栽培に思った以上の手間がかかるので断念したと述べています。

山田氏はこちらの契約書もみせてもらっていますが、内容はあまりに大企業に一方的に有利なもので私も驚きましたと書かれています。

契約はまず代理店とJAとで結ばれJAが農家に生産を委託するスタイルなのですが、JAと住友アグリソリューションとの契約内容に農家が署名をしていなくても、同様の義務と責任を負うことになっています。

また事故・災害の処理の項目では、「乙（生産者）は清算業務に関連して損害が生じた場合は、その負担と責任において一切の問題を処理解決する。ただし甲（会社）の責めに帰すべき事由の場合にはこの限りではない」と書かれていたそうです。これは恐ろしいことです。そもそも作物は気候変動で大きな影響を受けます。ゲリラ豪雨や台風で全滅して出荷できなくなり、そのことでセブンイレブンが被害を被り、賠償を請求した場合、その責務が農家あるということになります。

検査については、米が合格か否かの品質検査は会社が行うことになっていて、不合格となったものについては生産者負担になると書かれていたそうです。種子法下では、検査は各都道府県の公的機関が行うものでしたが、この方法の場合、会社側の裁量で不合格米が決まることになります。その他、指定された農薬と肥料を使わなくてはいけないこと、取引価格は収穫が終わったあとに協議の末、決定することなどが書かれていました。当たり前ですが、本来、取引価格は生産前に決定されるものです。収穫後に協議といっても、農家は買い取ってもらわなければ困りますから、企業と対等に協議できるものではありません。

山田氏がレポートした現状はそのまま、北米で、南米で、インドで、フィリピンで、アフリカで、モンサントなどの多国籍企業が、地域の農家にしてきた一連の行為——収奪と奴隷化——の手順にそのまま当てはまります。

4.「売国法」がいともたやすく成立した経緯

こんな「売国法」ともいうべき法律が、一体なぜ、制定されたのか。

モンサントは世界各地で熱心にロビー活動を行ってきました。日本も例外ではありませんが、年次改革要望書を拒否した鳩山政権をはじめ、農水省にせよJAにせよ、アメリカの要求に抵抗する勢力もまたありました。

それが一転したのは二〇一三年、第二次安倍内閣になって、それまで断固反対としてたTPP

を一八〇度翻して推進の立場になってからです。米国離脱前のTPP協定における日米二国間合意で米国の要望、意見の受入れ窓口設置が決められ、それが二〇一六年九月に設置された内閣府直属の「規制改革推進会議」です。

規制改革推進会議の設置からわずか一か月後の二〇一六年一〇月、農業ワーキンググループによって種子法廃止が提案され、ほぼ同時期に農業競争力強化支援法の提案がなされ、二〇一七年二月、種子法廃止法案は閣議決定され、国会審議（わずか一二時間）を経て同年四月に成立、翌月には「農業競争力強化支援法」が成立しました。

農業ワーキンググループは、経営者、経団連・経済同友会加盟企業の関係者、大手メディアデスク担当者などによって構成され、政府寄りの発言をすることで知られている方々ばかりです。ここからの提案は内閣に提出されると閣議決定され、それが国会に上程されて与党が圧倒的多数を占める国会で通ってしまうという構図です。

なお現在、種子法廃止に対抗して、地方自治体が農業試験場など種子の公的機関を維持し、予算をつけて守っていくという県条例の制定が広がっています（二〇二〇年六月末現在、二〇道県の自治体が条例制定）。私たちにできることは、これを全国に広げることです。条例制定の状況は「日本の種子を守る会」の HP https://www.taneomamorukai.com/ を参照ください。

5. 種子法廃止で起きる近未来は野菜を見れば分かる

種子法廃止によってどうなるかは、現在の野菜の現状を見れば分かります。

少なくとも四〇年前は、日本で出回っている野菜は、ほぼ一〇〇パーセント、国内の種子でした。現在は、市場に出回っている種のほぼ九割は海外生産であり、そのうちのほとんどがハイブリッドです。

販売されている野菜の種の袋の表示を見れば、ほとんどが海外産であることがわかります。

サカタのタネなど日本の種子メーカーは種子生産を海外に委託して行っています。世界の種子のシェアはその七割近くがモンサントのなどの多国籍企業であり、私たちが食べている野菜の種子も、これら多国籍企業に委託生産されたものが多いのです。

元々、種子産業というのは、利益の出る産業ではありませんでした。農家は種取をしますから、一度購入すると数年間は購入しません。しかしハイブリッドの誕生によって、農家は、毎年、種子会社から種子を購入しなくてはならなくなり、利益の出る産業として種子産業は大きく成長したのです。

モンサントなど種子の多国籍企業は、世界の種子会社を片っ端から買収して巨大化していき、現在は、上位七社だけで世界の種子の約七割を独占しています。二〇一六年にモンサントとバイエルが合併（正式合併は二〇一八年）、二〇一七年にはデュポンとダウが合併して、現在この二社だけで世界の種子市場の五〇パーセントを占めるに至りました。

6. 種苗法改正

種子法廃止の際、批判の高まりに対し、「種苗法で対応する」という付帯決議が付けられました。種苗法の対象に米・麦・大豆を加えて、優良品種の育成や地方交付税を育種費用につけるように促すというのですが、しかし、付帯決議に拘束力はありません。

そうこうするうちに今度は、種苗法そのものに手をつけたのです。

種苗法は、一九七八年、優良品種の開発と登録に関して開発者の権利を守る法律として制定

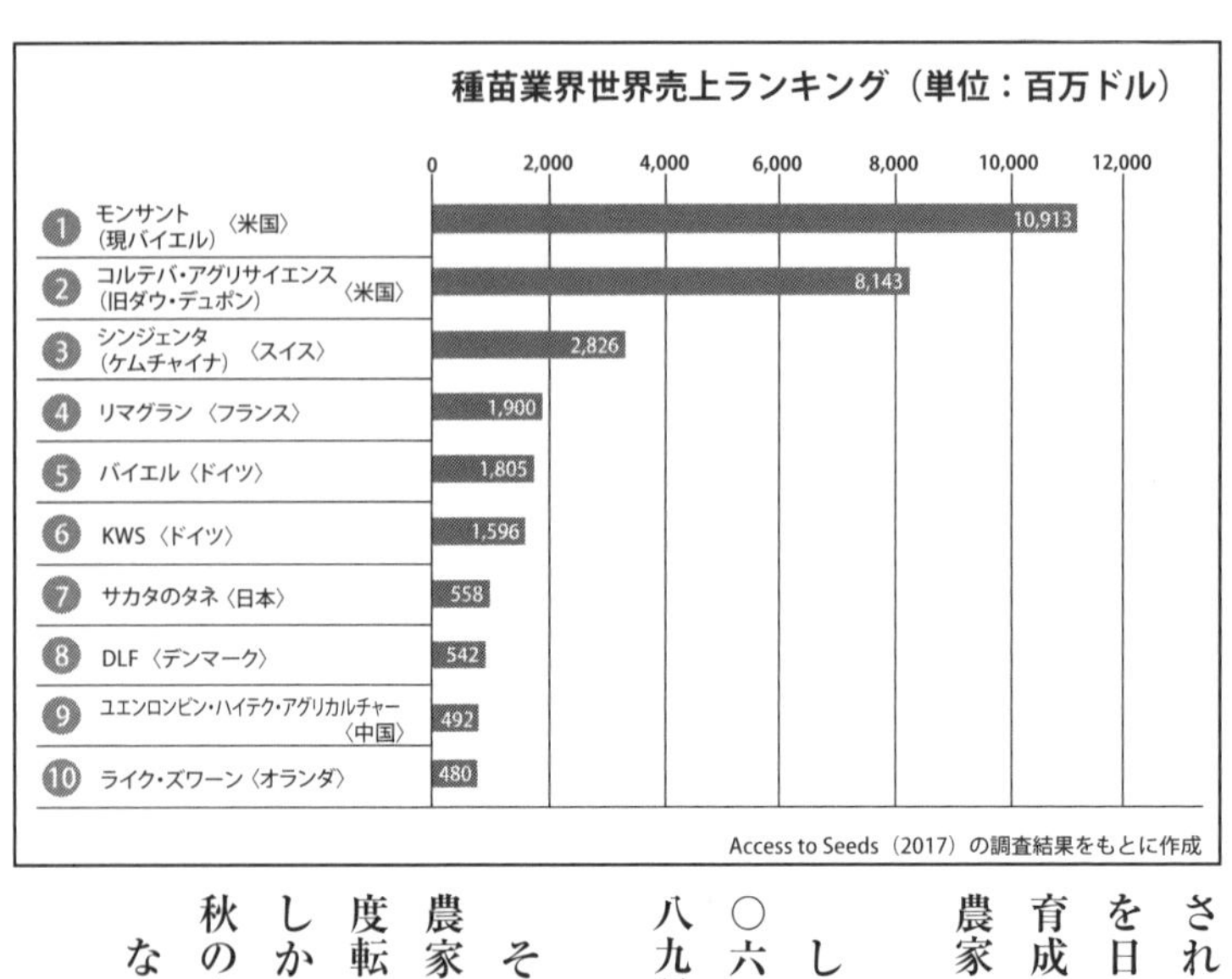

Access to Seeds（2017）の調査結果をもとに作成

されました。一九九八年、UPOV九一年改定条約を日本が批准したことを受け、大幅改正されました。育成者権強化を図りつつも、二三の登録品種以外は、農家の自家採種を原則認めていました。

しかし例外の自家採種を禁じる二三品種が、二〇〇六年には八七種に増え、二〇一七年にはなんと二八九種、二〇一九年には三六〇種を超えました。

そして二〇二〇年、種苗法そのものを改定して、農家の自家採種を原則容認から、原則禁止へ一八〇度転換する種苗法改定案が国会に提出されたのです。しかし、批判の高まりで今国会での審議は見送られ秋の次期国会に持ち越されました。

なんとしても廃案にしなければなりません。

7.「品種の海外流出を防ぐ」は後付け

種苗法は新品種（登録品種）の開発者の知的財産権を守るための法律です。新品種の育成者は、品種登録して育成者権を取得すれば登録品種の種苗、収穫物、加工品の販売等を一定期間独占できます。登録品種は育成者権者の許諾を得なければ利用することはできません。許諾を受けた者は契約の範囲で登録品種を利用するか利用料を支払うことになります。ただし、農家が自分の農地で再生産するための自家増殖は例外として認められ、育成者の権利は及びませんでした。ところが改定案は農家の自家増殖を禁止することにしたのです。

「種苗法の一部を改正する法律案」の概要から

育成者権の効力が及ぶ範囲の例外を定める自家増殖に係る規定の廃止

一．育成者の意思に応じて海外流出防止等ができるようにするための措置

自家増殖の見直し

育成者権の効力が及ぶ範囲の例外規定である、農業者が登録品種の収穫物の一部を次期収穫物の生産のために当該登録品種の種苗として用いる自家増殖は、育成者権者の許諾に基づいて行う

こととする。

改定の目的として日本で開発された優良品種の海外流出防止をうたっています。これまでにぶどうの「シャインマスカット」やサクランボ「紅秀峰」、いちごの「紅ほっぺ」など優良品種の海外流出が問題になっていました。海外流出防止は必要だと誰もが思うでしょう。しかし、農家の自家採種を禁止すれば海外流出が防げるのでしょうか。

実は農水省自身が「種苗などの国外への持ち出しを物理的に防止することは困難」とし「海外において品種登録を行うことが唯一の対策」と述べているのです。育成者権は、国ごとに取得する必要があり、品種登録していない国では育成者権は主張できないからです。また、「日本の種子の多くは海外で採種されていますが、採種地から品種の流出を防ぐという観点からも権利化（種苗登録）は不可欠です」としています。

（海外における品種登録の推進について二〇一七年一一月付け食料産業局知的財産課）

https://www.alic.go.jp/koho/kikaku 03_001040. html

海外流出防止という根拠を後付けして、本当の狙いである農家の種取りの権利剥奪を正当化しているのです。海外での品種登録をすることが最も必要な措置であり、これを日本は怠ってきました。優良種の海外流出を防ぐのであれば、するべきはこちらなのです。

「植物新品種保護条約」（植物新品種保護国際同盟の仏語略ＵＰＯＶ（ユポフ）によりＵＰＯＶ条約と呼ばれる）において登録品種の育成者権を保護するために参加国が国内法を整備することを定めており、これに対応して種苗法が制定されました。そしてＵＰＯＶ九一年改定条約において育成者の権利が大幅に強化され、対象はすべての植物に拡大され、育成者権と特許権の二重保護を認め、農家の自家増殖を原則禁止にしたのです。ただし自家増殖禁止は任意的例外（自国には適用しないことができる規定）として「自己の経営地において栽培して得た収穫物を、自己の経営地において増殖の目的で使用することができるようにするために、いかなる品種についても育成者権を制限することができる」ことから、日本政府は、育成者権の及ばない例外として農家が登録品種を自家増殖することを認めてきたのです。

しかし、ここにきて農水省はＵＰＯＶ九一年改定の農家の自家増殖禁止の原則に準拠する必要があると言い出したのですが説得力はありません。現行のままでＵＰＯＶ九一条約上問題はないはずです。

農産物の品種は一般品種と登録品種があります。一般品種は在来種、品種登録されたことがない品種（コシヒカリ、あきたこまち、ふじ、つがる、ピオーネ、二十世紀、桃太郎など）、品種登録期間が切れた品種（ひとめぼれ、ヒノヒカリ、はえぬきなど）に区分されます。

（農業協同組合新聞二〇二〇年五月一九日より）

農林水産省は、登録品種は一〇パーセントだけで残り九〇パーセントは一般品種で今まで通り自由に種取りできると農家の不安を消すような情報を出しています。一般品種の割合は、米八四パーセント、みかん九八パーセント、りんご九六パーセント、ぶどう九一パーセント、馬鈴薯九〇パーセント、野菜九一パーセントとほとんどが一般品種だそうです。しかし野菜類は今ではほとんどが種取できないハイブリッド（F一種）の種子で、毎年農家は購入せざるを得ない種子なのです。それに企業の種子が主流になれば登録品種は増大していくでしょう。

農家の自家増殖禁止で何が起きるでしょう？

登録品種を使う場合、農家は育種権利者に許諾料を支払って許諾を毎年得るか、許諾が得られなければ毎年全ての苗を購入しなければならなくなります。また収穫物や加工品の売り上げからも権利の利用料が求められる可能性があります。しかも改定案は侵害したと判定されると一〇年以下の懲役または一〇〇〇万円以下の罰金あるいは併科されることもあるという重罰を盛り込んでいます。

品種登録は、多くは企業や公的機関が開発した種苗が登録されています。公的機関の場合は許諾料は取らなかったり取っても低額なのですが、問題は企業の登録種子です。

現在、種子市場は一握りの多国籍種子企業により寡占化され、それによって種子の価格は値上がりを続けています。今後、これらの企業が日本で品種登録し、高額な許諾料を設定する事態が頻発しかねません。それは農家の大きな負担になり、日本の農業衰退に拍車がかかります。

これまでに日米貿易交渉（ＴＰＰや日米ＦＴＡなど）のもと、規制改革推進会議を窓口にして米国の多国籍企業の要求により日本の岩盤規制が次々と撤廃されています。

米、麦、大豆の公的種子事業を廃止して企業に明け渡すことになった「主要農作物種子法廃止」、農業試験場など公的機関が維持してきた遺伝子資源（コメなど穀物の多様な種子）や育種技術・知見を企業に譲渡、移転させる「農業競争力強化支援法」の施行、そしてとどめが農家の自家採種禁止なのです。これにより公的種子や農家の手にある種子を企業の種子にすべて置き換えることができ、多国籍種子企業の種子の占有、支配が可能になるのです。

バイエル／モンサント、ダウ・デュポンなどの多国籍種子企業は現在、ゲノム編集による種子開発に力を入れています。彼らはゲノム編集作物は遺伝子組み換え（ＧＭ）作物ではないとして安全性評価や表示不要を主張。しかしＥＵはゲノム編集は遺伝子操作によるものであり、ＧＭ作物同様の安全性評価や表示、トレサビリティを義務付けました。一方米国では彼らの主張どおり、規制なしで流通が始まっています。米国のトランプ大統領は二〇一九年六月大統領令でゲノム編集やＧＭの輸出拡大を命じており、日本政府は、これに迎合するかのように二〇一九年末、ゲノム編集作物・食品について任意の届け出だけで、安全性評価不要、表示なしの米国同様の無規制を決めました。ＥＵで締め出された多国籍種子企業が日本での販売に乗り込んでくるのも時間の問題なのです。

ただ多国籍種子企業にとって問題なのはゲノム編集種子は自家採種が可能なことです。特許種子であるＧＭ種は契約で農家を縛り、自家採種を禁止し特許料を上乗せした高い種を毎年購入させることができ、大きな利益をもたらしてきました。ゲノム編集種子の場合、品種登録をしても農家の自家採種を認める種苗法のもとでは、ＧＭ種のような大きい利益を得るのは難しいのです。そこで、自家採種の禁止が必要と考え、この要求が米国から伝えられた日本政府は、ゲノム編集種子が輸入されるまでにと、自家採種禁止へ転換したのかもしれません。

多国籍種子企業が狙う最終ゴールは農家が購入できるのは登録品種のみにしてしまうことかもしれません。EUではすでに販売種子は登録品種に限られています。ただし、小規模農家には許諾料の支払いなしで使用できる特例が設けられています。そして、強い批判により、昨年、有機種苗については登録品種でなくても販売を認めることになりました。また在来種への特許を禁止する裁定が先ごろ出ています。

農水省は自家増殖禁止は世界のスタンダードであるかのようにいいますが、米国でもEUでもその国に重要な作物は例外として自家増殖を認めています（次ページの表参照）。日本のように国民の命綱である穀物までも企業に明け渡し、例外なしで一律に自家増殖を禁止するような国は他にはありません。

そもそも、種子法廃止と同時期に成立させた「農業競争力強化支援法」ではっきりと、これからは、各都道府県は、優良な育種技術・知見を民間（外資含む）に提供するようにと述べています。日本の育種技術・知見を外資を含む民間企業に提供せよと言いながら、片や優良品種の海外流出を防ぐために必要だという。政府の主張は矛盾しています。

主要先進国における登録品種の自家増殖の扱い

（農水省ホームページより）

国	自家増殖	例外作物
E　U	認めていない （一部例外あり）	飼料作物、穀類、ジャガイモ、 油料及び繊維作物
オランダ	認めていない （一部例外あり）	麦類、ジャガイモ
英　国	認めていない	飼料作物、穀類、ジャガイモ、 油料及び繊維作物
米　国 植物特許 品種保護法	 認めていない 認めている	

http://www.maff.go.jp/j/council/sizai/syubyou/18/attach/pdf/index-4.pdf

主要穀物はどこの国でも公的管理があたりまえ

主要穀物に対しては、公的管理をしてきたのは日本だけのことではありません。アメリカやカナダ、その他の主要先進国においても、小麦など自国の主要穀物については公的管理がなされています。

アメリカは小麦種子の 2/3 が自家採種であり、購入の場合、土地付与大学や農業試験場で生産・認証された公共種子を購入する仕組みになっています。カナダは農務省もしくは大学研究機関が増殖する公共品種を栽培しています。オーストラリアでは小麦は 95%が自家採種です。英国は１９８７年の公的育種事業の廃止によって、それまで公共品種が８割を占めていたのに、現在ではドイツ、フランスなどから種子の輸入をしなくてはならなくなってしまいました。

8. 在来種を守れ！

今回の改定では、新品種の持つ特徴を記した特性表により「登録品種と特性により明確に区別されない品種」であると推定された場合、品種登録権が及ぶことになっています。

これは二〇一五年のきのこ事件の高裁判決を受けて、書き加えられたものだと思われます。これまでは種苗法違反は裁判所において、農家が実際に育てたものと提訴した人のものを植えてみて違いがあるかどうか、現物で比べていました。

二〇一五年、伝統的なきのこの栽培農家が、企業から育種権を侵害しているとして訴えられた事件がありました。裁判所は、「新種の持つ特徴の特性だけをみれば権利の侵害のように見えるが、現物と比較しなければ断定できない」とし、植えた現物を比較して侵害には当たらないと裁定しました。

改定案では、育成した現物を比較するのではなく新品種の持つ開花時期、葉の色等の特徴を特性表にして、「同じもの」と推定することで種苗法違反を簡単に判定できる制度にして、育成者権の違反を訴えやすくしています。しかも品種は特性が変わっていくから特性表を企業は修正でき、一方的に企業有利になっているのです。

種子企業は、在来種をもとに新たな特性を付与して育成したものを登録品種とする流れが進んでいます。登録品種が在来種をもとに作られていれば類似性はあるはずです。その在来種を守り育ててきた農家が、育成者権者から権利を侵害されたと提訴される可能性が高くなります。そうなれば、農家は委縮し種取りを止めるでしょう。その結果その種は絶え、品種の多様性は失われることになります。

おもに有機農家が在来種の種取りをしていますが、彼らが将来にわたって不安なく続けられるためには、在来種には無条件で、育成者権の効力が及ばないよう在来種を保護する法律が有機農業を守るためにも必須なのです。

そもそも種子は企業が無から生み出したものではありません。種子は営々と農家の種取りによって地域に適した品種が引き継がれてきました。多国籍種子企業がその種子を使って開発した種子に分不相応の権利を主張するのは正義に反します。農家の種取りは自然権と言え農民の種子の権利は育成者権より上位にある基本的権利であると思います。

農家による自家増殖が重要な役割を担っているとしその権利保護を重要視しているのが世界食糧農業機関（ＦＡＯ）の「食料・農業植物遺伝資源条約」です。日本はこの条約を二〇一三年に批准しているのです。

種を握る者は食料生産を左右でき、農家の手に種がなければ、その国の独立も民主主義も危うくなります。気象変動やコロナ禍で食料輸出制限が起きるような世界において、少数の多国籍種子企業のＧＭやゲノム編集を含む限られた品種に依存することは、食料安全保障をあきらめることなのです。多様性を守るため在来種を保全し、企業の利用を制限する、そして農家の種取の権利を守ることです。

日本の種子を守る会によれば、最近では世界で伝統的な在来種を守るための法や条例への関心が急速に高まりつつあり、韓国ではすでに一七の地方自治体が在来種の保全・育成条例を、三三の地方自治体がローカルフード条例を制定し、地域に存在する種苗を育成することを支援し、その種苗で作られる食を活用する政策が進められているそうです。

「種子法廃止」、「農業競争力強化支援法」、「種苗法改正」――この三つはセットです。種子法廃止で、主要作物の品種開発が公的に行われなくなり、農業競争力強化支援法で、日本が税金で培ってきた遺伝子資源（多様な種苗）と育種技術や知見が外資を含む民間企業に明け渡され、農家の自家採種を禁止にする種苗法改定で企業の種子の独占が完成するのです。

第7章　私たちの農と食を殺させない

今こそ「農本主義」と有機農業を

1. 先進国の中でも最低ラインの日本の食糧自給率

日本の食糧自給率は低く二〇一九年度の自給率（カロリーベース）は三七パーセントでした。これは先進国中最低の数字です。

穀物自給率になるともっと低く二八パーセントでしかありません。米は一応ほぼ一〇〇パーセントですが、大豆四パーセント、トウモロコシ〇パーセント、小麦一一パーセント、ナタネ〇・四パーセントという具合で、米以外の穀物のほとんどは輸入です。

以下のグラフをご覧ください。

日本の穀物自給率は一七三か国中一二三番目、OECD諸国及び一億人以上の人口国四三か国中三八番目なのです。

このような話をすると、日本は工業立国であり、技術や自動車・工業製品を輸出し、代わりに食糧は安い輸入に依存することで何がいけないのか？　とおっしゃる方がおられるのですが、自国の食糧を外国に依存しなくてはならない国にどんな未来があるというのでしょうか？

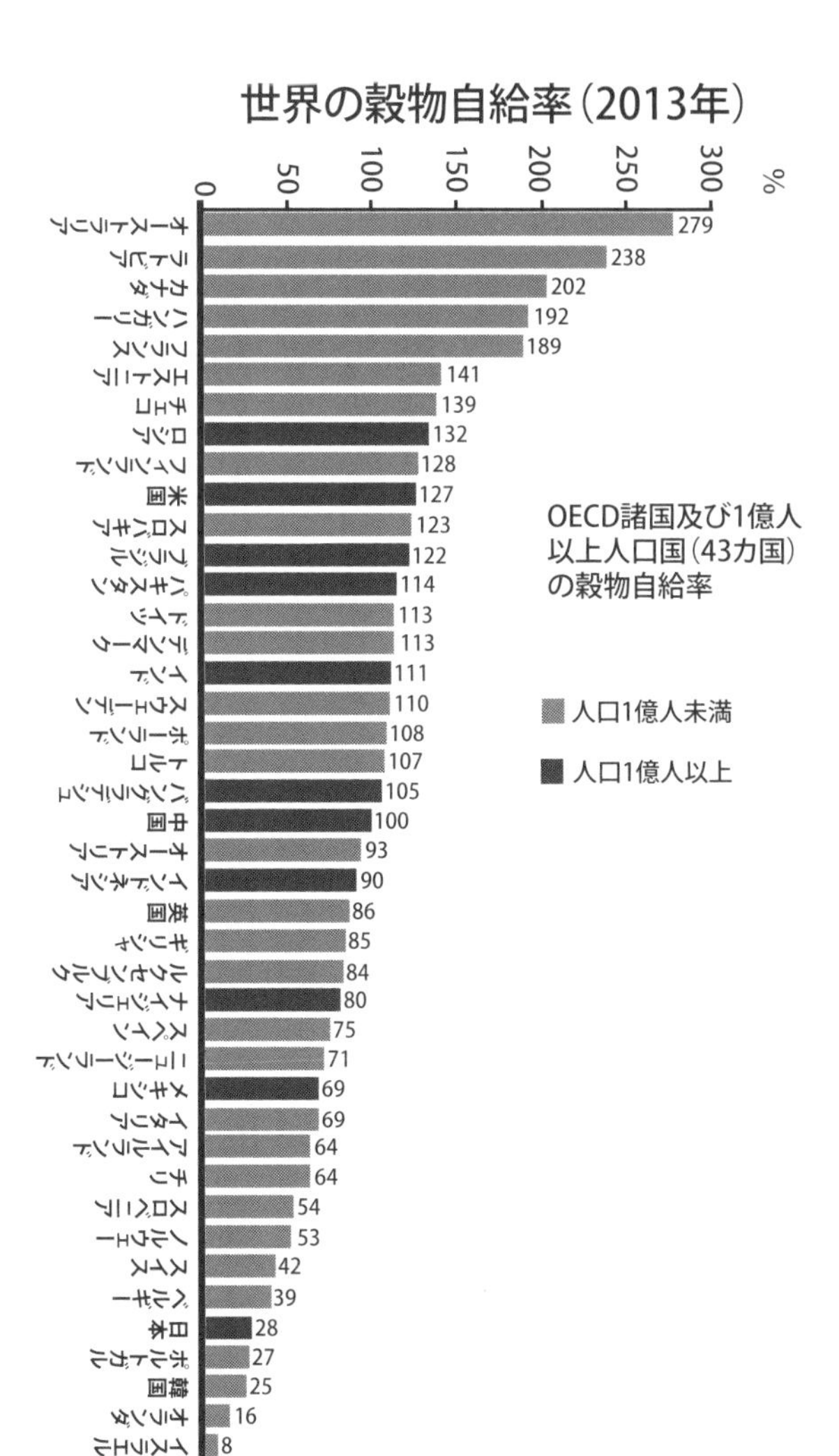
世界の穀物自給率（2013年）
0
50
100
150
200
250
300
%
オーストラリア 279
ラトビア 238
カナダ 202
ハンガリー 192
フランス 189
エストニア 141
チェコ 139
ロシア 132
フィンランド 128
米国 127
スロバキア 123
ブラジル 122
パキスタン 114
ドイツ 113
デンマーク 113
インド 111
スウェーデン 110
ポーランド 108
トルコ 107
バングラデシュ 105
中国 100
オーストリア 93
インドネシア 90
英国 86
ギリシャ 85
ルクセンブルク 84
ナイジェリア 80
スペイン 75
ニュージーランド 71
メキシコ 69
イタリア 69
アイルランド 64
チリ 64
スロベニア 54
ノルウェー 53
スイス 42
ベルギー 39
日本 28
ポルトガル 27
韓国 25
オランダ 16
イスラエル 8
アイスランド 0
OECD諸国及び1億人以上人口国（43カ国）の穀物自給率
人口1億人未満
人口1億人以上

我が国と諸外国の食糧自給率

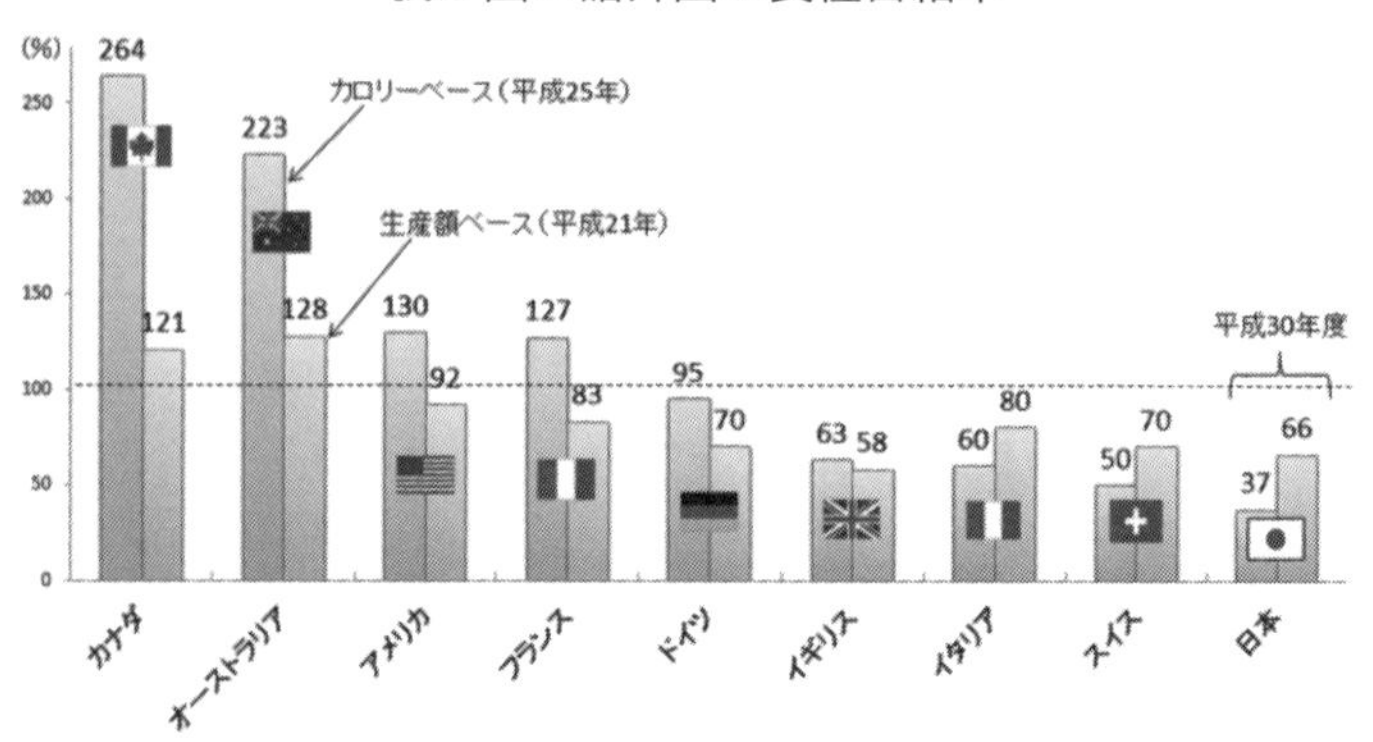

資料：農林水産省「食料需給表」、FAO “Food Balance Sheets” 等を基に農林水産省で試算。（アルコール類等は含まない）
注１：数値は暦年（日本のみ年度）。スイス及びイギリス（生産額ベース）については、各政府の公表値を掲載。
注２：畜産物及び加工品については、輸入飼料及び輸入原料を考慮して計算。

（出典　https://www.maff.go.jp/j/zyukyu/zikyu_ritu/013.html）

現在、異常気象が頻発するなかで、日本に大量の食糧を輸出している国々が、将来にわたって安定的に輸出を続ける保証はないのです。凶作による輸出禁止は過去に大豆で経験しています。また、今回のコロナのように、パンデミックが起きれば物流は止まります。また輸入ができたとしても世界的に不足になれば価格は高騰します。食料価格は跳ね上がり、貧しい人たちが真っ先にその影響を受けます。なにより穀物など基本的食料を外国に委ねるということは、国民の命を委ねることと同じです。独立国家ではなくなるということです。

フランスの元大統領ド・ゴールは「独立国家とは食料自給のできる国」ということばを残しています。国家の安全保障とは、軍事力ではありません。食糧自給なのです。

日本がただひとつ自給率ほぼ一〇〇パーセントを維持してきたのが米です。米の自給があればこそ、二〇〇八年の世界同時凶作や今回のコロナパンデミックによる食料輸出禁止が起こるなかでも、大きな影響を受けずに済んできたと言えます。しかし、政府は、種子法廃止などの売国法によって、米を守るのをやめようとしています。日米ＦＴＡでは米輸入を拡大するのではないでしょうか。

二〇一〇年、農水省は、ＴＰＰ締結をした場合、日本の食糧自給率は一四パーセントにまで減少するとの試算を出していました。しかし、米国に隷従し、ＴＰＰ推進の安倍政権のもとで自給率向上に取り組む姿勢は見られず、種子法廃止などに突き進んでいます。

2. 今こそ〝農本主義〟を

私たちが目指すべき方向は、多国籍企業の略奪的資本主義の餌食にされるのではなく、きっぱり対米隷属から決別すること、そして、真に独立国家として立つべく、私たち国民の命を養う基本的食料は日本の大地から安定的に生産されるよう、農業を国家の土台、基本としていくことです。

これは「農本主義」と言えます。「農は国の基（もと）」とする考えです。農本主義自体は、江戸時代からありますが、近代思想としての農本主義は、二〇世紀初頭に始まりました。急速な工業化に伴う農村部から都市部への労働力への移行、中小農家の没落、農業の機械化などに伴う集約化など、急速な〝近代化・農の工業化〟に疑義を投げかけ、あるべき姿を提唱したものです。

しかし、その後、国粋主義や全体主義と結びつけて利用されたこともあり、戦後は忘れられていましたが、環境破壊や農村の衰退が顕著になった一九六〇年代にまた新たに見直されるようになりました。

日本の新たな農本主義は〝有機農業〟を土台に据えるものでなければならないと思います。

漢書の「機農」が由来。有機農業という言葉

〝有機農業〟という言葉は、一九七一年日本有機農業研究会設立者の一楽照雄によってつくられました。

一楽らは、近代農業が農薬・化学肥料漬けになり、加工食品が氾濫して食品添加物が多用されていくことに危機感を覚え、農と食を本来の姿に戻そうという運動を始めていました。会の設立にあたり、適当な名称を探していた彼は、〝日本酪農の父〟であり政治家・酪農家でもある黒沢酉蔵のもとを訪ねます。そのとき一楽は、黒沢から「機農」という漢書のことばを教えられたといいます。

機とは大自然の運行の仕組みをいう言葉で、農は「天地、機有り」、つまり機農とは、自然の

ことわりを尊重し自然に合わせた農をせよという意味なのです。

この語に天啓を受けた一楽は、自身の会に「有機農業」という言葉を充て、日本有機農業研究会という名称をつけました。有機農業というと、単に農薬を使わないとか、有機物を土に入れるなどの方法論のことだと思っている人が多いですが、方法論ではなく、自然のことわりを尊重するという思想なのです。

3. 化学肥料は土を壊す

化学肥料は、必ず土を壊します。化学肥料を投入していけば確実に土壌が劣化していきます。化学肥料は、窒素化合物を土壌に残留させますが、これが土壌を酸性化させるのです。ほとんどの作物は、弱酸性から中性が生育しやすい環境ですから、酸性になると、生育しにくくなり、結果、病害虫等にも弱くなります。

病害虫が増えると殺虫剤・殺菌剤等農薬を多用しなくてはならない循環に陥ります。殺虫剤は、病害虫のみならず、その天敵も殺しますから、時間が経てば、より一層、病害虫が猛威を振う事態になるのです。

植物には窒素が必須ですから、化学肥料で窒素を豊富に与えると、生育も早まり即効性があるように見えます。しかし窒素吸収量が多いと、それだけ植物体内のアミノ酸が増え、アミノ酸が多くなるとアブラムシなどの害虫がつきやすくなるのです。そのためさらに殺虫剤を使わなくてはならなくなります。

有効微生物にせよ病原菌にせよ、土壌中にいるものはともに有機物を好餌としますが、病原菌よりも有効微生物の方が有機物を大量に消費するので、有効微生物が優勢である状態では、病原菌は繁殖しにくい。しかし化学肥料や農薬によって、有機物が循環しなくなると有効微生物が減っていき、病原菌が多勢となります。また土壌の団粒構造は、土壌中のミミズや微小生物によって作られますが、農薬や化学肥料の多用によって、団粒構造が崩れ、作物の生育に悪影響をあたえます。

こうして収量を多くするため、あるいは人手を減らすために導入したはずの化学肥料で、かえって土の肥沃度を殺し、化学肥料と殺虫剤をサイクルさせる皮肉な構造になります。

化学肥料は環境を破壊する

化学肥料による土壌劣化は、個々の農地だけの問題ではありません。化学肥料は、環境も破壊してきました。

化学肥料は水に溶けやすく、畑に投入した分の半分近くは地下水や河川に流亡して湖沼や湾を富栄養化させます。富栄養化により植物プランクトンが大発生し（赤潮）、それが死んで分解されるときに、酸素を大量消費するため水中が酸欠状態になり，魚など水生生物が大きなダメージを受けます。

メキシコ湾には、米国農耕地からの肥料の流出により、酸素が乏しくなって海洋生物が生息できない「デッドゾーン（死の海域）」が、約一万五〇〇〇平方キロメートルにわたって広がっていることが分かっています。世界の海洋では、これまでに四〇〇以上のデッドゾーンが大陸沿岸で見つかっています。米国メキシコ湾や欧州の北海をはじめ、日本沿岸も関東から東海以南が酷く、低酸素海域として確認されています。年々、その規模は広がり、発生頻度も増しています。

化学肥料が農地に窒素化合物を残留させ土壌を酸性化させることは上述しました。土壌の酸性化は、飲料水にも影響を与えてきました。酸性化によって微量栄養分が失われ，重金属が土壌から流出して、飲料水を汚染するのです。窒素化合物は、土壌中の細菌のはたらきで亜酸化窒素

（N_2O）という無色のガスに変えられて大気中に放出され、これが酸素と反応することでオゾン層破壊に一役買っていることも分かっています。

亜酸化窒素は、注目されている温室効果ガスの一つでもあります。南極の氷の中には、農耕地の拡大とそれに伴う窒素肥料の散布に起因する、大気中の温室効果ガスの増大が記録されています。亜酸化窒素の温室効果は二酸化炭素の約三〇〇倍あり、大気中ですべて分解されるのに一二〇年を要すると言われます。京都議定書で削減対象になっている物質です。

中国では約四〇〇〇万トン／年の化学肥料を使っています。これは農地一ヘクタール当たりでは四〇〇キログラムになり、先進国の二二五キログラムという安全限界をはるかに上回ります。統計によれば、一九八五年から二〇〇〇年の間に、一億四一〇〇万トン、一年当たりにして九〇〇万トンの窒素肥料が洗い流されて汚染物質に変わり、中国の湖沼の七五パーセント、地下水の五〇パーセントを汚染しています。

年配の人の中には、「今の野菜は味が薄い」という人がいます。これは化学肥料で育てた野菜は、過剰な養分と一緒に水も吸収しすぎるため、水っぽくなる（味が薄まる）からです。

味が薄いだけではなく、化学肥料は、人体にも影響を与えてきました。作物中に大量に残る硝酸態窒素（植物が吸収しきれなかった分）は、唾液によって、亜硝酸態窒素に変化します。亜硝酸態窒素は発がん性が疑われるだけではなく、血液中で酸素を運ぶヘモグロビンの働きを阻害することがわかっています。乳幼児が酸欠症状を起こす原因は、これではないかといわれています。

環境や健康への影響を含めた工業的近代農業の真のコストを私たちは知らずに払わされているのです。

4. 近代化農業は効率が良いのか？

大規模農場、機械化、農薬、化学肥料…いわゆる農業の近代化は確かに生産性を大幅に高めました。しかし収穫によって得られる食料エネルギーと栽培のためのエネルギーの比率からエネルギー生産性を計算すると、近代化農業は効率が著しく低いと指摘する学者もいます。

『エントロピーの法則』、『バイテク・センチュリー』などの著作で知られる米国のジェレミー・リフキンによれば、二七〇キロカロリーのトウモロコシの缶詰一個分の生産のために、農機具を動かし、化学肥料や農薬を与えることで二七九〇キロカロリーが消費される。つまりアメリカのハイテク農場は、正味一カロリーのエネルギーを生産するために、一〇カロリー以上のエネルギーを使っているというのです。

現在、世界の食糧庫として、大規模な食糧生産を行っているアメリカ、オーストラリアですが、元々、これらの大陸は水ストレスの高い地域です。

アメリカでは、かつて農民たちは、環境を考慮に入れた「等高線農法」を行っていました。これは同じ海抜高ごとに土地を平らにして回りに土塁を築き、その中で耕作をして土壌流失を防ぐ方法です。しかし、第二次大戦後、大規模農業が推進され、大型機械を入れて耕作するため、土塁を取り払いました。その結果、土壌流亡を招き、たくさんの化学肥料を投入して生産を維持しているのが現状です。

元々、水ストレスの高いこれらの場所で、なぜこのような大規模農業が可能になったかといえば、それは地球上で最大規模というオガララ帯水層の地下水を利用した灌漑によって、グレートプレーンズと呼ばれる中西部の広大な半乾燥地帯が世界の一大食糧供給地に変えられました。揚水ポンプで汲み上げ、センターピボット方式（長大な棒状のスプリンクラーが円を描くように回って散水する）といわれる自走式スプリンクラーで、円を描きながら散水します。そうすると畑は円状になるので、上空から見ると、畑は「緑の円」のようにみえるます。その「緑の円」が何万と出来ました。

オガララ帯水層は、アメリカで灌漑される農地の五分の一に水を与えてきましたが、その水位が下がり続け、いまでは枯渇する井戸が続出、タダだった水は有料になり、さらに使用料も値上がりしたうえ、現在では灌漑制限措置が取られています。ネブラスカ州は新しい井戸を掘って水を取ることが禁止になりました。取水を制限されたため、農業生産ができなくなったところも出ています。カリフォルニア州セントラルバレーも、涵養量を上回る過剰揚水が行われ、地下水量の枯渇が進んでいます。

灌漑農地が拡大した例としてはフーバーダムの建設が有名で、もともとは砂漠であった土地に五〇万ヘクタール以上の農地を創出しました。しかし、取水源であるコロラド川の水が減少し、ラスベガスのような都市への水供給と競合して水資源をめぐる争いを激化させています。将来、これまでのような食糧生産は困難になるのではないかと予測されています。

オーストラリアは近年、度重なる大干ばつに見舞われ、食糧生産が不安定になっています。

水ストレスの高い米国やオーストラリアなどが世界の食料生産を担うことは、水収支の点からみても合理的ではありません。また、これら輸出国が水不足などから食糧の輸出ができなる事態を想定しておく必要があります。これらの国に食糧を依存し続けるリスクは高く、自給への真摯な努力が求められるのです。

5. 健康な土作りが有機農業の基本

健康な土は、虫や微生物が豊富に生息し、落ち葉や虫の死骸、排泄物など土中の有機物を餌として奪い合いながらも共生しています。微生物は有機物を分解して、植物の根が養分として吸収できるようにし、植物からは必要な養分をもらっています。見事な生命連鎖の営みです。

有機農業は、健康な土づくりを基本とし、健康な土が健康な作物を産出するという考えに立ちます。

日本有機農業の会を設立した一楽は、設立趣意書において、有機農業とは何か?については、次のように説明しています。

「肥沃な土にはきわめて多くの微生物や昆虫が生息しており、それらが作物の健全な育成に偉大な作用をしていることや、害虫の駆除に役立っていることなどを第一義的に重要視する。農作に適する土壌を、生きた土とか、土のなかの生物社会として認識し、その培養のために必要なものとして有機物を土に還元する。これに反し土の生命を奪い土の社会を破壊するものとして、化学物質の土への投与を排するのである。有機農業のなんたるかをまったく知らないで、単に農薬や除草剤の使用を中止するのが有機農業のやり方であるかのごとく想像して、それでは収量がいちじるしく減少するとか、農家が生活できないとか、あるいは、そのような農産物は高価で高所得者だけしか入手できないなどと批判するのは見当はずれもはなはだしい。今日の近代化農業のやり方をそのままにして、急に農薬の使用を中止すれば、おそらくは、たいていの場合に大減収をまぬかれないのは当然である。有機農業においては、**農薬を使わないのではなく、農薬の使用を必要としない**ようなやり方を打ち建てようというのである」。

植物と土壌微生物は密接に関係しています。たとえば根粒菌。根粒菌は、空気中の窒素ガスと水素とを結びつけてアンモニア（NH_3）にします。これを窒素固定といいます。植物では、葉に含まれる葉緑素が太陽の光をつかまえ、そのエネルギーによって、二酸化炭素と水から糖やデンプンを作る光合成を行い、さらに光合成産物を材料として、植物の繊維の成分であるセルロースや細胞を形成するのに必要なタンパク質などを作ります。このうちタンパク質は、炭素、酸素、水素以外に窒素もふくむので、それを作るには窒素が必要ですが、植物は空気中の窒素は利用できません。土の中には、窒素が水素や酸素と結合した化合物（例えばアンモニア）があります。植物はこれらの化合物を水とともに根から吸収し、窒素源にしますが、土の中の窒素化合物は不足しやすいのです。しかし根についている根粒菌によって、窒素化合物が植物に与えられるのです。

根粒菌というと、私はもうひとつ思い出すものがあります。九〇年代、米国オレゴン州立大のエレイン・インガムらが行った遺伝子組み換え微生物に関する実験です。エタノールを生産する遺伝子組み換え微生物を実験用の小麦畑に散布したところ、小麦がすべて枯れてしまったのです。それは、エタノールが根粒菌を殺してしまったからでした。

普段意識されない微生物の存在ですが、食物連鎖、物質循環という生命活動の連環のキーパーソンが微生物なのだと思います。「健康な土」の重要性とはこのことを指しているのではないでしょうか。

二〇〇七年と二〇〇八年の国際有機農業映画祭でドキュメンタリー「根の国」と「土の世界か

ら」が上映されました。どちらも普通は目にすることのない土壌中の虫や微生物の世界を電子顕微鏡を使って映像化しています。植物の根と養分をやり取りする微生物たちの挙動を視覚的に明らかにして驚かされます。お勧めの映像です。

6．有機学校給食は日本を有機農業国に転換させる原動力になる！

有機基準では農薬や化学肥料、遺伝子組換えは禁止です。海外諸国では消費者の強い支持を受けて有機農業面積が急拡大し続けています。しかし、日本は、〇・四％と低く低迷したままです。

どうしたら、日本で有機農業を増やすことができるでしょうか？

私は学校給食を有機に変えることが日本の有機拡大の突破口になると考えています。地元の有機農産物を学校給食に取り入れ、有機給食とすることです。有機農産物の地産地消の学校給食が実現すれば、子どもたちに新鮮で安全な食事を提供して健康を支え、また食育ができます。有機農家は安定した出荷先が与えられ、経営が安定します。そうすると有機生産者が増えます。結果、地域の有機面積が拡大し、地域の環境保全が進みます。きれいな空気、水、豊かな生物が戻ってくれば、美しい里山の地域を次世代に残すことができ、子どもたちはふるさとを誇りにするでしょう。

また給食に納入した生産者に代価が支払われると、そのお金は地域で使われ、循環します。結果、地域経済を潤します。

そして合わせて給食を「無償化」することが大事です。有償だとできるだけ少ない給食費の圧力が生まれ、輸入小麦使用のパンやGM大豆食品の使用につながってしまうのです。税金でまかなう公共事業として学校給食を位置づけ、給食は未来（子どもたち）への投資と考えてほしいのです。遺伝子組み換え食品を排除し農薬使用のない安全な給食を子どもたちに届けたいと誰もが思うでしょう。


給食事業は、福祉のベーシックなコアであり、学校給食から病院、公共施設の食堂、高齢者ケア施設、フードバンクなどの公共給食へ広げるのです。

公共給食は有機農業のメリットに対する消費者の意識を高めます。地元で生産された有機農産物への需要が増えれば、持続可能に生産された栄養価が高い食材を地元住民が手にするチャンスも増すのです。


今、日本は曲がり角にいます。

日本を農薬天国のままにしていては滅びます。いまこそ本気で有機農業国に転換させねばなりません。

あとがき

ドキュメンタリー映像「遺伝子組み換え戦争」で遺伝子組み換え作物とグリホサートの深刻な影響を知ったとのことで、三和書籍の高橋考社長から遺伝子組み換えや農薬問題の執筆のお話を頂きました。執筆中に、世界の情勢は次々と動き、農薬規制が強まっていくのを実感しました。アグロバイオ企業のやりくちは以前執筆した『自殺する種子』（平凡社新書）に詳しく、ここから抜粋して加えました。アグロバイオ企業の狙いは種子の支配であり、それが日本の種子法廃止につながっています。いま、そこにある危機というべき一連の流れを包括的に伝えることができました。執筆を勧めて下さった高橋社長に深く感謝致します。

二〇二〇年九月　安田節子

【主な参考文献】

有機農業ニュースクリップ：(http://organic-newsclip.info)

GMWatch：(http://www.gmwatch.org/)

『自殺する種子　アグロバイオ企業が食を支配する』安田節子著　平凡社新書

【著者紹介】 安田　節子（やすだ　せつこ）

食政策センター・ビジョン21代表
NPO法人「日本有機農業研究会」理事
一般社団法人　アクト・ビヨンド・トラスト理事
日本の種子（たね）を守る会常任幹事

1990年～2000年 日本消費者連盟で、反原発運動、食の安全と食糧農業問題を担当。
1996年～2000年 市民団体「遺伝子組み換え食品いらない！キャンペーン」事務局長。表示や規制を求める全国運動を展開。
2000年11月「食政策センター・ビジョン21」設立。情報誌『いのちの講座』を創刊し発刊中。
2009年～2013年 埼玉大学非常勤講師
＜著書＞
『食べものが劣化する日本』（食べもの通信社）
『自殺する種子　アグロバイオ企業が食を支配する』（平凡社新書）
『わが子からはじまる食べものと放射能のはなし』（クレヨンハウス・ブックレット）
『消費者のための食品表示の読み方─毎日何を食べているのか』（岩波ブックレット）
『遺伝子組み換え食品Q＆A』（岩波ブックレット）
『食べてはいけない遺伝子組み換え食品』（徳間書店）　他

食卓の危機
──遺伝子組み換え食品と農薬汚染──

2020年10月19日　第1版第1刷発行
2023年 2月 7日　第1版第2刷発行

著　者　安田節子

発行者　高橋　考
発　行　三和書籍
編集協力　福田玲子

〒112-0013　東京都文京区音羽2-2-2
電話 03-5395-4630　FAX 03-5395-4632
sanwa@sanwa-co.com
http://www.sanwa-co.com/
印刷／製本　中央精版印刷株式会社

ISBN978-4-86251-412-7　C0036